엄청 간단한
과학실험 100

호기심 많은 아이를 위한

지은이 **앤드리아 스칼조 이**

앤드리아 스칼조 이는 레이징드래건스(www.raisingdragons.com)의 설립자이자 운영자이다. 앤드리아는 이 사이트를 통해 아이들과 놀면서 교육시키는 간단한 방법을 알려 주며 여러 부모와 교육자에게 영감을 주고 있다. 아내이자 열정적인 네 아들의 어머니이며 패션과 엔지니어링 경력을 갖고 있는 앤드리아는 STEAM 활동에 대한 열정을 갖고 레이징드래건스를 만들었다. 이 사이트에서는 아이들이 재미있게 배울 수 있는 간단한 교육 활동을 부모와 교육자와 나누고 있다. 레이징드래건스는 굿하우스키핑Good Housekeeping, 허스트디지털미디어Hearst Digital Media, 브릿플러스코Brit+Co에서도 소개되었으며, 페이스북, 인스타그램, 핀터레스트, 유튜브 등의 플랫폼에서 85만 명 이상의 팔로어를 모았고 이곳의 동영상은 1억 회 이상의 조회 수를 기록했다. 저서로는 『계속 계속 하고 싶은 과학·미술 놀이 STEAM 100』이 있다.

옮긴이 **이하영**

1993년 부산 태생으로 열다섯 살에 스웨덴으로 옮겨 가 스톡홀름 시립 쿵스홀멘 고등학교 사회과학과를 졸업했다. 대학은 케임브리지 대학교 인문 사회정치학부를 졸업했다. 지은 책으로는 『열다섯 살 하영이의 스웨덴 학교 이야기』가 있고 옮긴 책으로는 『겉은 노란』, 『그녀에게 가는 길』, 『초등학생을 위한 똑똑한 돈 설명서』, 『초등학생을 위한 똑똑한 좋은 뉴스』, 『보스처럼 생각하기』 등이 있다.

엄청 간단한
과학실험 100

호기심 많은 아이를 위한

앤드리아 스칼조 이 글 · 이하영 옮김

차례

들어가는 말 ... 11

제1장
액체실험 13

1. 이쑤시개 별 ... 14
2. 수중 화산 ... 17
3. 새지 않는 컵 ... 18
4. 완벽한 동그라미 ... 20
5. 저절로 꺾이는 빨대 ... 21
6. 세 겹 비눗방울 ... 23
7. 레몬즙 비밀 편지 ... 24
8. 쏟아지지 않는 물 ... 25
9. 섞이지 않는 주스 ... 26
10. 양배추즙 지시약 ... 28
11. 물에 뜨는 클립 ... 30
12. 빙글빙글 그릇 ... 31
13. 마법 그물망 ... 33
14. 동동 뜨는 탁구공 ... 34
15. 병 속 토네이도 ... 37
16. 기름에 빠진 얼음 ... 38
17. 헤엄치는 물고기 ... 39
18. 동전 위의 물방울 ... 40
19. 둥실둥실 오렌지 ... 43
20. 바다가 담긴 병 ... 44

제2장
고체 실험 47

21. 자라나는 결정 ... 48
22. 튼튼한 달걀 껍질 ... 50
23. 종이의 결 ... 51
24. 감자를 뚫는 빨대 ... 53
25. 뫼비우스의 띠 ... 54
26. 빙글빙글 달걀 ... 56
27. 구리를 입는 못 ... 57
28. 바나나 비밀 메시지 ... 59
29. 뚜껑 위의 포크 ... 60
30. 세워지는 캔 ... 63
31. 빙글빙글 티슈 ... 64
32. 지퍼백 속 새싹 ... 67
33. 연필이 꽂히는 지퍼백 ... 68
34. 발바닥 밑의 달걀 ... 71
35. 관성 체커 탑 ... 72
36. 소금 후추 분리 실험 ... 73
37. 공중에 뜨는 하트 ... 74
38. 구슬 굴리기 트랙 ... 77
39. 얼음 터널 ... 78
40. 지퍼백 속 아이스크림 ... 80
41. 빨대 포장지 지렁이 ... 81
42. 파란 동전 ... 83
43. 물잔 옆의 포크 ... 84
44. 물병 속 동전 ... 86
45. 서로 달라붙는 공책 ... 87
46. 풍선 꼬치 ... 89
47. 뛰어오르는 종이 ... 90
48. 풍선 속 동전 ... 92

49. 빙글빙글 연필 93
50. 우유 플라스틱 95
51. 둥실둥실 그림 96
52. 깨끗해지는 동전 97
53. 폭신폭신 슬라임 98
54. 마법의 비뉴턴 유체 101
55. 달걀 탱탱볼 102
56. 아이스크림 사슬 폭발 104
57. 떠다니는 비닐 고리 107
58. 달걀 다이빙 108
59. 감자 꼬챙이 오뚝이 111
60. 가만히 있는 컵 112
61. 포크를 만난 얼음 113

제3장
기체실험 115

62. 연기나는 비눗방울 116
63. 젖지 않는 종이 119
64. 물을 만난 풍선 120
65. 곧게 펴지는 종이 122
66. 일회용 케첩 다이빙 123
67. 튀어나오는 종이 125
68. 마법의 페트병 구멍 126
69. 지퍼백 대폭발 128
70. 홈메이드 소화기 129
71. 콜라 화산 131
72. 찌그러지는 캔 132
73. 레몬 화산 135
74. 알루미늄 호일 배 136
75. 사라지는 조개껍데기 137
76. 솟아오르는 물 138

제4장
빛, 색, 소리 실험 141

77. 실로 만드는 대칭 아트 142
78. 물과 기름 그림 145
79. 달걀 그림 146
80. 젖은 그림과 마른 그림 147
81. 마법 우유 148
82. 커피 여과지 크로마토그래피 151
83. 물감의 영역 152
84. 보글보글 그림 155
85. 병 속 불꽃놀이 156
86. 색깔 혼합 159
87. 우유로 만드는 석양 161
88. 거울로 만드는 무지개 162
89. 뒤섞이는 색깔 점토 163
90. 사탕 무지개 165
91. 따뜻한 물감과 차가운 물감 166
92. 숟가락 거울 168
93. 사라지는 동전 169
94. 뒤집히는 화살표 170
95. 물로 만드는 무지개 172
96. 완벽한 동그라미 173
97. 숟가락 종소리 174
98. 태양 프린트 175
99. 햇빛 풍선 폭발 176
100. 눈으로 보는 소리 177

들어가는 말

저희 집 아이들은 과학 실험을 세상에서 제일 좋아한답니다. 매일같이 제게 새로운 실험을 준비해 달라고 조르곤 해요. 제가 이 책을 쓰게 된 가장 큰 이유이기도 합니다. 즉흥적으로 실험 아이디어를 떠올리는 게 쉽지 않고, 인터넷의 바다에서 찾자니 어디에서부터 시작해야 할지 알 수가 없더라고요.

과학 실험은 왜 중요할까요? 실험을 할 때면 아이들은 스스로 질문을 던지고, 이런저런 물건을 뚱땅거리고, 탐구하고, 결과를 예측하고, 결론을 내립니다. 뛰어난 사고력을 갖춘 사람, 미래의 발명가, 리더가 되려면 반드시 길러야 하는 능력이에요. 실험은 호기심을 길러 줍니다. 그리고 호기심 많은 아이는 나중에 혁신적이고 창의적인 문제 해결사로 거듭나죠.

이 책은 여러분이 필요할 때면 언제든 펼쳐 볼 수 있는 도구입니다. 저는 이 책에 학교나 집에서, 이미 있는 준비물로 쉽게 할 수 있는 과학 실험 100가지를 담았습니다. 실험마다 과학 원리와 쉬운 설명이 함께 제공되어 있기 때문에 높은 학습 효과를 기대할 수 있죠. 아이들은 밀도, 정전기, 표면장력, 무게중심 같은 주요 과학 원리의 기초를 배움으로써 세상을 이해하는 시각을 넓히게 됩니다.

이 책을 읽고 계신 학부모 여러분! 제 아이들과 함께 책을 보면서 하고 싶은 실험을 고르라고 하는 걸 좋아해요. 고르는 동안 아이들의 흥미를 불러일으킬 수 있을 뿐만 아니라, 아이들이 실험 과정에 참여한다는 뿌듯함을 느낄 수 있거든요. 어린아이들은 보호자의 도움이 필요하지만, 열 살이 넘는 아이들은 이 책의 실험 중 다수를 약간의 도움만 받고, 아니면 아예 혼자서도 충분히 해낼 수 있을 거예요.

이 책을 통해 간단하고 즐겁고 교육적인 실험을 하며 아이들과 소통하는 즐거움을 누리시길 바랍니다. 즐겁게 실험하다가 아이들의 머리에 깨달음의 전구가 탁 켜지는 순간이 제게는 무척 소중해요. 살아 있는 학습만큼 좋은 게 또 있을까요?

앤드리아 스칼조 이

제 1 장

액체 실험

간단하고 재미있는 과학 실험과 함께라면 여러분의 집도 얼마든지 과학 체험관이 될 수 있어요! 과학 실험은 여러분의 호기심을 일깨우고 과학적 지식을 길러 줄 뿐만 아니라, 온 식구가 함께 교육적이고 즐거운 시간을 보내게 해 줄 멋진 방법이랍니다. 특히 이 책에서 소개할 실험들은 무척 간단하고 쉬운 데다, 집에 있는 물건만 가지고도 충분히 해볼 수 있는 것들이고요. 자, 그럼 신나는 과학의 나라로 떠날 준비가 되었나요? 함께 시작해 보죠!

대부분의 물질은 고체, 액체, 기체라는 세 가지 상태로 존재해요. 제1장에서는 그중 액체를 활용한 다양한 과학 실험을 해볼 거예요. '액체'란, 부피는 있지만 명확한 형태가 없는 물질을 가리키는 말이에요. 따라서 액체의 형태는 액체를 담는 용기에 따라 달라질 수 있답니다. 액체로 할 수 있는 흥미진진한 실험에는 과연 무엇이 있을까요?

1. 이쑤시개 별

부모님과 친구들을 깜짝 놀라게 해 줄 과학 실험을 준비했어요. 물 몇 방울과 부러진 이쑤시개 다섯 개만 있으면 별을 만들 수 있답니다. 바로 '모세관 현상'을 이용해서 말이죠!

준비물

- 나무 이쑤시개 다섯 개
- 얕은 쟁반
- 물방울을 떨어뜨릴 수 있는 도구(피펫 등)
- 물

이렇게 해 보세요!

① 살짝 힘을 줘서 이쑤시개를 반으로 부러뜨려요. 부러뜨린 뒤에도 이쑤시개의 두 조각은 서로 연결된 상태로 V자를 그리고 있어야 해요.

② 이쑤시개의 부러진 부분이 쟁반 중앙을 향하도록 놓아요.

③ 반으로 부러뜨린 이쑤시개 다섯 개를 모두 놓았다면, 피펫에 물을 채운 뒤 이쑤시개들의 부러진 부분이 만나는 중간 지점에 물 몇 방울을 천천히 떨어뜨려 보세요. 이쑤시개들이 길게 늘어나면서 별 모양을 만들어 낼 거예요!

어떤 원리일까요?

이쑤시개는 마른 나무로 만들어져요. 그래서 이쑤시개를 부러뜨리면 나무의 구성 성분 중 하나인 목재 섬유가 길게 늘어나죠. 이 목재 섬유는 물이 묻으면 '모세관 현상'을 통해 물을 빨아들이고 몸집을 부풀려서 스스로 곧게 뻗은 모양을 만들어 내요('모세관'은 액체를 식물의 몸 구석구석으로 운반시켜 주는 식물 내부의 가느다란 관을 말한답니다.). 이로 인해 다섯 개의 부러진 이쑤시개가 움직인 결과, 저절로 별 모양이 만들어지는 거예요.

응용 실험

물방울을 떨어뜨리기 전에 부러진 이쑤시개로 다양한 모양을 만들어 보세요. 또, 차갑거나 뜨거운 물을 사용해 보는 것도 좋아요. 물의 온도가 달라지면 이쑤시개 별이 만들어지는 속도도 함께 달라지는지 확인해 보는 거예요.

2. 수중 화산

화산이 터지는 순간은 보기만 해도 참 장관이죠? 그런데 밀도의 원리를 알면 뜨거운 물과 차가운 물, 그리고 액상 식용 색소를 이용해 나만의 수중 화산을 만들 수 있답니다.

준비물

- 유리나 플라스틱으로 된 크기가 다른 통 두 개(작은 통이 큰 통에 통째로 들어갈 수 있어야 해요.)
- 차가운 수돗물
- 뜨거운 수돗물
- 작은 돌멩이 한 개
- 액상 식용 색소
- 젓가락이나 막대기

이렇게 해 보세요!

1. 큰 통의 $\frac{3}{4}$ 을 차가운 수돗물로 채우고, 작은 통에는 뜨거운 수돗물을 가득 채워요.
2. 작은 통에 돌멩이(작은 통이 큰 통의 바닥으로 가라앉도록 무게를 더하는 용도예요.)와 액상 식용 색소 몇 방울을 넣고 젓가락이나 막대기로 저어요(아무 색이나 써도 되지만, 빨간색 색소와 노란색 색소를 섞으면 용암 같은 주황색을 만들 수 있어요.).
3. 이제 작은 통을 큰 통 안에 조심스럽게 넣어 보세요. 작은 통이 큰 통의 바닥으로 가라앉으면서, 작은 통에서 흘러나온 주황색 '용암'이 큰 통 안으로 퍼져 나가는 모습을 볼 수 있을 거예요. '용암'은 큰 통의 위쪽에만 머무르고 바닥으로 가라앉지는 않는답니다. 신기하죠?

어떤 원리일까요?

작은 통에 담긴 뜨거운 물(이번 실험에서 용암 역할을 해요.)이 차가운 물이 담긴 큰 통의 위쪽으로 솟아오르는 건, 물의 밀도 차이 때문이에요. 뜨거운 물 분자들은 열에너지를 얻어 차가운 물 분자들보다 빠르게 움직일 수 있기 때문에 분자 간의 간격이 더 멀어요. 그래서 뜨거운 물이 차가운 물보다 밀도가 낮아 차가운 물의 위쪽으로 뜨게 되는 거예요.

응용 실험

뜨거운 물과 차가운 물 대신 같은 온도의 물을 사용해 실험하면 어떻게 되는지 살펴보세요. 또, 차가운 물에는 노란색 색소를, 뜨거운 물에는 빨간색 색소를 타서 두 색소가 섞이는 모습을 관찰해 보는 것도 좋아요.

3. 새지 않는 컵

이번 실험에서는 컵을 거꾸로 들어도 안에 든 물이 흘러나오지 않도록 만들어 볼 거예요. 놀랍게도 종이 한 장만 있으면 가능하답니다! 마법 같겠지만, 사실은 컵 안팎으로 작용하는 압력 때문에 벌어지는 현상이에요.

준비물

- 작고 투명한 컵 한 개
- 물
- 컵의 입구를 덮을 만한 크기의 두꺼운 종이

이렇게 해 보세요!

1. 혹시라도 물이 컵 밖으로 흐르는 상황을 대비해, 싱크대에서 실험하는 걸 추천해요.
2. 먼저 물을 컵의 입구까지 가득 채워요.
3. 두꺼운 종이로 컵의 입구를 빈틈없이 덮고, 한 손으로 종이를 누른 상태로 컵을 거꾸로 뒤집어요.
4. 이제 컵의 입구를 덮은 손을 치워도 물이 흐르지 않을 거예요!

어떤 원리일까요?

이 실험은 컵 바깥의 기압(공기의 압력)이 컵 안의 수압(물의 압력)보다 크다는 점을 이용해요. 쉽게 말해, 컵 바깥에서 종이를 누르는 힘이 컵 안에서 종이를 누르는 힘보다 강하다는 뜻이죠. 그래서 종이가 그대로 멈춰 있고, 물이 컵 밖으로 쏟아지지 않는 거예요.

응용 실험

다양한 크기와 종류의 종이로 실험해 보세요. 키친타월을 사용하거나, 컵의 입구보다 훨씬 큰 종이를 사용하면 어떻게 될까요? 물이 흘러나올까요? 어째서 결과가 달라지는 걸까요?

4. 완벽한 동그라미

이번 실험에서는 표면장력을 이용해 실로 완벽한 동그라미를 만들어 봐요!

준비물

- 투명하고 평평한 유리 접시
- 물
- 30 cm 길이로 자른 실
- 주방용 세제

이렇게 해 보세요!

1. 유리 접시를 반쯤 물로 채워요.
2. 실 양쪽 끄트머리를 묶어서 동그라미 모양을 만든 후 유리 접시 속의 물 위에 올려놓아요. 쭈글쭈글한 동그라미가 만들어지는 게 보일 거예요.
3. 동그라미 안에 주방용 세제 한 방울을 떨어뜨려요. 쭈글쭈글했던 동그라미가 완벽한 원형으로 바뀔 거예요. 신기하죠?

어떤 원리일까요?

주방용 세제는 실로 만든 동그라미 안쪽의 '표면장력'을 줄이는 역할을 해요. 표면장력은 액체의 표면을 이루는 분자들이 서로를 강하게 끌어당겨 표면적을 줄이려는 힘을 말하죠. 그런데 주방용 세제로 인해 동그라미 바깥의 물이 안쪽의 물보다 강한 표면장력을 가지게 되면서 실은 바깥쪽으로 당겨지게 돼요. 그 결과, 완벽한 동그라미가 탄생하는 거랍니다.

응용 실험

실로 다양한 크기의 동그라미를 만들어 보세요. 실험을 새로 시작하기 전에 유리 접시를 깨끗이 씻는 걸 잊지 말고요. 이전 실험에 썼던 주방용 세제가 접시에 남아 있으면 새 실험을 망칠 수 있거든요. 또, 동그라미 두 개로 실험해 보는 것도 추천해요. 양쪽 다 완벽한 동그라미 모양이 될 수 있을까요?

5. 저절로 꺾이는 빨대

친구들한테 자랑할 만한 묘기를 배워 볼 차례예요. 손을 대지 않고 빨대를 구부리는 신기한 묘기 말이죠!

준비물

- 투명한 유리컵
- 물
- 빨대

이렇게 해 보세요!

1. 유리컵의 $\frac{3}{4}$을 물로 채워요. 빨대를 컵 안에 넣되, 일부는 물 속에 잠기고, 일부는 물 밖으로 튀어나오게 해요.
2. 이제 위에서 빨대를 통해 유리컵 안을 들여다보세요. 아무것도 달라진 게 없어 보이죠?
3. 유리컵 옆에서 빨대를 들여다보세요. 빨대가 물과 닿는 부분을 보면, 마치 빨대가 휘거나 꺾인 것처럼 보일 거예요!
4. 마지막으로 빨대를 물에서 꺼내 볼까요? 어라? 멀쩡한 빨대로 돌아왔어요!

어떤 원리일까요?

빛줄기(광선)가 우리의 눈에 들어와 상(모양)을 만들 때 우리는 물체를 볼 수 있어요. 그런데 이 빛줄기는 물과 유리를 통과할 때 비교적 느리게 움직이는 특징이 있죠. 그래서 물속 빨대의 형상이 물 밖 빨대의 형상보다 우리의 눈에 더 느리게 도착한답니다. 빛이 서로 다른 물질을 관통하면서 꺾이는 이러한 현상을 '굴절'이라고 불러요. 물속 빨대가 부러지거나 구부러진 것처럼 보이는 것도 바로 굴절 현상 때문이에요.

응용 실험

물 대신 투명한 탄산음료, 물엿, 소독용 알코올 등 다양한 액체로 실험해 보세요.

6. 세 겹 비눗방울

비눗방울을 부는 건 그 자체로도 참 재미있는 일이에요. 그렇다면 비눗방울 안의 비눗방울 안의 비눗방울을 부는 건 어떨까요? 세 배로 재미있겠죠?

준비물

- 물
- 빨대
- 비눗방울 용액

어떤 원리일까요?

'비누, 물, 비누'라는 세 겹의 막이 공기를 감싸 안으면 비눗방울이 만들어져요. 이 세 겹의 막이 힘을 합쳐 비눗방울을 보호하는데, 중간에 낀 물로 이루어진 막이 증발하면 비눗방울이 더는 표면장력을 유지하지 못하고 뻥 터져 버린답니다. 하지만 부엌 조리대의 표면을 물로 적셔 두면 비눗방울을 보호하는 세 겹의 막이 그대로 머물게 되고, 그 결과 비눗방울도 터지지 않죠. 비눗방울을 만지기 전에 손가락을 물로 적셔야 하는 것도 이런 이유 때문이에요. 마른 손이나 다른 물체로 비눗방울을 건드리면 물이 증발하면서 비눗방울에 구멍이 생기게 돼요. 그러니 당연히 터질 수밖에 없겠죠?

응용 실험

비눗방울 안에 최대 몇 겹의 비눗방울을 더 만들 수 있는지 실험해 보세요. 플라스틱 컵을 비눗방울 용액에 거꾸로 담가서 비눗방울 받침대로 사용해 보는 것도 좋아요. 비눗방울 용액에 액상 식용 색소를 섞으면 여러 가지 색깔의 비눗방울을 만들 수도 있답니다!

이렇게 해 보세요!

1. 부엌 조리대의 표면을 물로 적신 후, 빨대를 비눗방울 용액에 깊숙이 담가 용액이 충분히 묻게 해요.
2. 젖은 조리대 표면에 빨대를 대고 조심스럽게 비눗방울을 불어요. 조리대에 반원 모양의 비눗방울이 생겨나고, 터지지 않을 거예요.
3. 빨대를 다시 비눗방울 용액에 담그세요.
4. 용액을 한 번 더 묻힌 빨대를 첫 번째 비눗방울 안에 집어넣고, 두 번째 비눗방울을 불어요. 두 번째 비눗방울은 첫 번째 비눗방울보다 작은 크기로 불어야 해요. 안 그러면 첫 번째 비눗방울이 터져 버릴 테니까요!
5. 빨대를 도로 꺼내 한 번 더 비눗방울 용액에 담가요.
6. 빨대를 이미 만들어진 두 겹의 비눗방울 속에 넣고, 마지막 비눗방울을 불어 보세요. 비눗방울 안의 비눗방울 안의 비눗방울이 만들어질 거예요! 새로운 비눗방울을 불 때마다 바깥에 있는 첫 번째 비눗방울이 점점 커지는 게 보이나요?
7. 완성된 세 겹의 비눗방울을 비눗방울 용액을 묻힌 손가락으로 만져 보세요. 안에 손가락을 넣는 것도 가능하답니다! 그런데 마른 손가락으로 비눗방울을 만지면 어떻게 될까요? 펑! 바로 터져 버리죠?

7. 레몬즙 비밀 편지

이번 실험에서는 여러분의 친구가 종이를 따뜻하게 데워야만 읽을 수 있는 특별한 비밀 편지를 써 볼 거예요!

준비물

- 레몬 한 개
- 작은 그릇
- 물
- 면봉
- 하얀 종이
- 탁상용 스탠드

이렇게 해 보세요!

① 가장 먼저 그릇에 레몬즙을 짠 후, 물을 조금 넣고 면봉으로 저어 주세요.

② 면봉을 볼펜 삼아 하얀 종이에 편지를 써요. 레몬즙은 투명하기 때문에 당장은 여러분이 뭐라고 썼는지 알 수 없을 거예요.

③ 비밀 편지를 읽고 싶으면, 탁상용 스탠드 속 데워진 전구 가까이 종이를 가져가면 돼요. 글자가 나타나죠?

어떤 원리일까요?

레몬즙에는 따뜻하게 데우면 산화되어 갈색으로 변하는 '탄소 화합물'이 들어 있어요. 이 물질은 물에 녹아 있을 때는 투명하지만, 열이 가해지면 분해되어 탄소를 만들어 내죠. 탄소가 갈색이나 검은색을 띠기 때문에 비밀 편지의 글자가 여러분의 눈에 보이게 되는 거랍니다.

응용 실험

우유, 꿀물, 오렌지 주스, 식초 등 다양한 액체로 실험해 보세요. 레몬즙과 똑같은 효과가 나타날까요?

8. 쏟아지지 않는 물

물이 가득 담긴 양동이를 머리 위에서 뒤집으면 어떻게 될까요? 당연히 물벼락이 쏟아질 거라고요? 꼭 그렇지만은 않아요. 구심력을 활용하면 양동이를 뒤집어도 물이 쏟아지지 않게 할 수 있거든요!

준비물

- 손잡이가 달린 작은 양동이
- 물

이렇게 해 보세요!

1. 이 실험은 야외에서 진행하는 게 좋아요. 공간이 많이 필요하거든요.
2. 바닷가에서 모래 놀이를 할 때 쓸 만한 손잡이가 달린 양동이를 반쯤 물로 채워요.
3. 손잡이를 잡고, 커다랗고 빠른 동작으로 양동이를 든 팔을 둥글게 휘둘러요. 팔이 '차렷' 상태에서 시작해서 머리 옆을 지나 다시 '차렷' 상태로 돌아올 때까지 말이에요. 양동이를 쥔 손이 머리 위에 있을 때는 양동이가 분명 뒤집어진 상태죠? 그런데도 물이 쏟아지지 않아요!

어떤 원리일까요?

뒤집힌 양동이에서 물이 쏟아지지 않는 것은 '구심력' 때문이에요. 구심력이란 물체가 계속해서 원운동을 하도록 만드는, 원의 중심을 향해 작용하는 힘을 말하죠. 이번 실험에서는 물을 원운동하게 만드는 구심력이 땅이 물을 잡아당기는 힘, 즉 중력보다 더 강했어요. 그래서 물이 양동이 밖으로 흘러나오지 않고 둥근 궤적을 따라 계속 움직인 거예요. 롤러코스터가 거꾸로 뒤집혀도 여러분이 떨어지지 않는 것과 같은 이치랍니다. 태양계 행성이 태양 주위를 빙글빙글 도는 것도 구심력 덕분이죠.

응용 실험

물벼락을 맞아도 괜찮다면 양동이를 든 팔을 휘두르는 속도를 조금씩 늦춰 보세요. 얼마나 천천히 돌릴 때 물이 쏟아지나요?

제1장 액체 실험

9. 섞이지 않는 주스

이번 실험은 밀도가 다른 액체끼리는 서로 섞이지 않는다는 점을 이용하는 재미있는 실험이에요. 실험이 끝나면 여러분이 만든 작품을 맛볼 수도 있으니 금상첨화죠!

준비물

- 설탕 함유량이 다른 세 종류의 주스(예: 설탕 40g이 든 포도 주스, 25g이 든 망고 주스, 9g이 든 자몽 주스)
- 투명한 물잔 네 개
- 물방울을 떨어뜨릴 수 있는 도구(피펫 등)

이렇게 해 보세요!

1. 세 종류의 주스를 세 개의 서로 다른 물잔에 각각 절반 정도 (12mL) 담아요.
2. 피펫 같은 도구를 사용해 설탕 함유량이 가장 높은 주스를 남은 빈 물잔(이하 실험 잔)의 $\frac{1}{4}$ 이 차도록 옮겨요.
3. 설탕 함유량이 그보다 낮은 주스를 실험 잔의 $\frac{1}{2}$ 이 차도록 옮겨요. 피펫을 물잔 가장자리에 대고 주스를 떨어뜨리면 주스들이 섞이지 않는답니다.
4. 설탕 함유량이 가장 낮은 주스를 실험 잔의 $\frac{3}{4}$ 이 차도록 옮겨 담아요. 설탕 농도가 다른 주스들이 서로 섞이지 않고 층층이 나뉜 채 유지되는 모습을 볼 수 있을 거예요.
5. 이제 세 개의 층으로 나뉜 주스를 맛볼 차례예요! 혹시 첫 입에 신맛이 느껴진다면, 달지 않은 주스가 위에 고여 있기 때문일 거예요. 여러분이 주스들을 모두 섞으면 훨씬 달콤한 맛이 나겠죠?

어떤 원리일까요?

물잔 안에 주스들이 층층이 나뉘어 담기는 이유는 주스들에 녹아 있는 설탕의 양이 제각기 달라 밀도도 다르기 때문이에요. 설탕 농도가 높은 액체는 낮은 액체보다 밀도가 높고, 그래서 더 무거워요. 그러면 반대로, 밀도가 낮은 액체는 더 가볍겠죠? 밀도가 낮은 액체를 밀도가 높은 액체 위에 부으면, 서로 섞이는 대신 밀도가 낮은 액체가 밀도가 높은 액체의 위쪽에 고이는 것은 바로 이런 이유에서랍니다.

응용 실험

집에 있는 액체를 활용해 나만의 음료를 만들어 보세요. 설탕 농도가 다른 여러 종류의 액체를 찾아 합쳐 보면 끝! 커피, 물, 탄산음료, 또는 앞선 실험에서 사용한 것과는 다른 주스로 실험해 보세요.

10. 양배추즙 지시약

양배추즙을 특정한 액체가 산성인지 염기성인지 알아내는 지시약으로 쓸 수 있다는 사실, 알고 있나요? 이번 실험에서 그 원리를 직접 확인해 보도록 해요!

어른의 도움이 필요해요

준비물

- 적양배추 이파리 한 장
- 가위
- 믹서기(사용 시 어른의 도움을 받으세요.)
- 물 한 컵(240 mL)
- 체(거르개)
- 투명한 물잔 한 개
- 시험관 다섯 개, 혹은 시험관 대신 쓸 작고 투명한 물잔 다섯 개
- 베이킹소다 약간(찻숟가락 한 스푼 정도)
- 설탕 약간(찻숟가락 한 스푼 정도)
- 식초 약간(찻숟가락 한 스푼 정도)
- 레몬즙 약간(찻숟가락 한 스푼 정도)
- 숟가락
- 액체를 떨어뜨릴 수 있는 도구(피펫 등)

이렇게 해 보세요!

❶ 가장 먼저 양배추즙을 만들어야 해요. 적양배추 이파리를 가위로 작게 자른 뒤, 물과 함께 믹서기에 넣고 액체가 될 때까지 갈아요.

❷ 투명한 물잔 위에 체를 올려놓고 믹서기의 내용물을 부어요. 건더기는 버리고, 걸러진 양배추즙만 사용할 거예요.

❸ 시험관(혹은 작은 물잔) 다섯 개를 각각 $\frac{3}{4}$ 정도 물로 채우고, 찻숟가락으로 다음과 같은 재료를 넣어 보세요.
- 1번 시험관 : 베이킹소다
- 2번 시험관 : 설탕
- 3번 시험관 : 아무것도 넣지 않음.
- 4번 시험관 : 식초
- 5번 시험관 : 레몬즙

❹ 다 되었다면 이제 피펫 등의 도구로 찻숟가락 한 스푼 분량 15 mL의 양배추즙을 시험관 다섯 개에 각각 넣어 줄 거예요. 시험관이 파란색이나 초록색으로 변하면 안에 든 물질이 염기성이라는 것을, 빨갛게 변하면 산성이라는 것을 알 수 있어요!

어떤 원리일까요?

양배추즙은 특정한 물질이 산성인지 염기성인지 밝히는 산·염기 지시약(pH 지시약이라고도 해요.)으로 쓸 수 있어요. 이는 양배추즙에 들어 있는 '안토시아닌'이라는 화학물질 때문이죠. 산성 물질은 하이드로늄 이온(물과 결합한 수소 이온)을 함유하고 있는데, 양배추즙은 이러한 물질과 만나면 안토시아닌으로 인해 빨간색으로 변하게 돼요. 이를 통해 해당 물질이 산성이라는 사실을 알 수 있는 거예요. 반면 염기성 물질은 수산화 이온을 함유하고 있는데, 양배추즙은 이러한 물질과 만나면 파란색이나 초록색으로 변한답니다.

응용 실험

커피를 내릴 때 쓰는 여과지에 양배추즙을 묻히고 말린 다음 가늘게 자르면 나만의 pH 시험지가 완성돼요. 여러 가지 액체에 이 시험지를 담가 액체가 산성인지 염기성인지 알아보세요. 시험지가 빨갛게 변하면 산성, 파란색이나 초록색으로 변하면 염기성이에요. 세제, 오렌지 주스, 탄산음료 등 집에 있는 다양한 액체로 실험해 보면 재미있을 거예요.

11. 물에 뜨는 클립

클립은 물에 뜰까요, 아니면 가라앉을까요? 정답은… '둘 다' 예요! 이번 실험에서는 클립이 왜 물에 뜨기도 하고 가라앉기도 하는지 알아봐요.

준비물

- 투명한 물잔 한 개
- 물
- 클립 한 개
- 주방용 세제

이렇게 해 보세요!

1. 물잔에 물을 90% 정도 채운 뒤 클립을 조심스럽게 수면 위에 올려놓아요. 마치 클립이 물에 떠 있는 것처럼 보이죠?
2. 클립을 도로 건져내서, 이번에는 수면 바로 아래쪽에 놓아 보세요. 이번에는 클립이 가라앉을 거예요. 똑같은 클립이 물에 뜨기도 하고 가라앉기도 하는 게 이상하죠?
3. 다시 클립을 건져내 맨 처음 했던 것처럼 수면 위에 올려놓아요.
4. 클립에 직접 닿지 않도록 주의하며 주방용 세제 한두 방울을 물에 떨어뜨려요. 클립은 어떻게 될까요? 주방용 세제가 물에 닿자마자 곧바로 가라앉을걸요?

❖ 클립이 물에 잘 뜨지 않는다고요? 그렇다면 다른 클립의 구부러진 한쪽 끄트머리를 펼쳐서 일종의 쟁반으로 사용해 보세요. 쟁반 클립 위에 실험할 클립을 올린 상태로 수면에 살며시 내려놓으면 돼요.

어떤 원리일까요?

실험 초반에는 클립이 물에 '떠 있는' 것처럼 보이겠지만, 사실 클립은 물 분자들이 만들어 내는 표면장력 때문에 물의 표면에 '놓여 있는' 것에 가까워요. 물 분자는 한데 모여 뭉치는 것을 좋아하는데, 물의 표면에서는 이런 성질이 더 강해진답니다. 이처럼 물 분자들이 뭉쳐 있기 때문에, 수면이 클립처럼 가벼운 물체를 떠받칠 수 있는 거죠. 그런데 비누나 세제는 이런 물 분자들이 서로 뭉치지 못하고 떨어지게 만들어요. 그래서 주방용 세제를 물에 넣으면 표면장력이 사라지면서 클립이 물속으로 가라앉는 거예요. 설거지를 할 때 주방용 세제를 쓰면 더러웠던 그릇이 깨끗해지는 것도 같은 원리랍니다!

응용 실험

클립처럼 철로 만들어진 다른 물건(예: 옷핀)을 찾아 실험해 보세요. 또, 클립을 최대 몇 개까지 물에 띄울 수 있는지 알아보거나, 수면에 띄운 클립을 빨대로 후후 불어 이리저리 옮겨 보는 실험도 좋아요. 물 대신 주스나 우유 같은 액체를 사용하면 실험 결과가 어떻게 달라질지도 궁금하죠? 직접 확인해 보세요!

12. 빙글빙글 그릇

이번 실험에서는 원심력을 활용해 손을 대지 않고 그릇을 돌려 볼 거예요.

준비물

- 큰 그릇
- 물
- 작은 그릇

이렇게 해 보세요!

1. 큰 그릇의 $\frac{1}{3}$을 물로 채워요.
2. 마찬가지로 $\frac{1}{3}$ 정도 물을 채운 작은 그릇을 통째로 큰 그릇 안에 넣어요. 이때 작은 그릇은 큰 그릇에 담긴 물에 둥실둥실 떠 있어야 해요.
3. 작은 그릇에 담긴 물 안에 손가락을 넣어 동그라미를 그리세요(작은 그릇의 가장자리에 손가락이 닿지 않도록 주의하세요.). 작은 그릇이 빙글빙글 돌기 시작할 거예요.
4. 손가락으로 동그라미를 그리는 속도를 올려 보세요. 작은 그릇이 더욱 빠르게 돌아가죠? 물이 그릇 가장자리를 타고 올라가며 그릇 바닥이 보일 테고요.
5. 마지막으로 손가락의 움직임을 아예 멈춰 보세요. 물이 도로 작은 그릇의 바닥에 고일 거예요.

어떤 원리일까요?

액체 속에 있는 그릇에는 그릇의 회전 운동을 멈출 '마찰력'이 거의 작용하지 않기 때문에, 큰 그릇 속에 든 작은 그릇이 쉽게 빙글빙글 돌게 돼요. 작은 그릇이 빠르게 회전할 때 안에 든 물이 가장자리로 움직이는 현상은 '원심력' 때문에 발생한답니다. 원심력이란 원운동을 하는 물체에 나타나는, 원의 바깥쪽으로 작용하는 힘을 말해요. 그릇이 회전하는 속도가 빨라지면 빨라질수록, 물이 그릇 가장자리를 타고 오르며 마치 그릇 바깥으로 빠져나가려는 것처럼 보이게 되죠.

응용 실험

손가락 대신 숟가락으로 작은 그릇에 담긴 물을 휘저어 보세요. 숟가락으로 휘젓는 게 여러분의 손가락을 쓰는 것보다 더 효과적일까요?

제1장 액체 실험

13. 마법 그물망

이번 실험에서는 표면장력을 이용해 병의 입구를 막고 있는 그물망 밖으로 물이 쏟아져 나오지 않도록 해볼 거예요.

준비물

- 병목이 좁은 투명한 빈 병(탄산음료를 비운 유리병도 좋아요.) 한 개
- 가로 10 cm, 세로 10 cm 크기의 플라스틱 그물망(사진 참고)
- 고무줄
- 물
- 이쑤시개

이렇게 해 보세요!

1. 병의 입구를 플라스틱 그물망으로 덮고 고무줄로 단단히 고정시켜요.
2. 수도꼭지에 병을 대고 물을 채우세요.
3. 손바닥으로 그물망을 덮은 채로 병을 거꾸로 뒤집어요.
4. 병 입구를 막은 손을 천천히 떼면 어떻게 되나요? 물이 흘러 나오지 않죠? 만약 물이 흘러나온다면, 더 촘촘한 그물망을 쓰거나 그물망 두 장을 겹쳐서 구멍 크기를 줄여 보세요.
5. 이제 병을 뒤집은 상태로 그물망 틈으로 이쑤시개를 넣어 보세요. 물이 흘러나오나요?
6. 마지막으로, 병을 천천히 옆으로 기울여 보세요. 어느 시점에서 물이 흘러나오기 시작하나요?

어떤 원리일까요?

병의 입구를 막고 있던 손바닥을 치워도 물이 흘러나오지 않는 것은 표면장력 때문이에요. 물 표면의 물 분자들은 서로 뭉치려 하는 성질(응집력)이 있어 표면장력을 만들어 내죠. 플라스틱 그물망 구멍 사이사이로도 물 분자들은 서로를 끌어당겨 얇은 막을 형성하는데, 바로 이 막이 물이 병 바깥으로 쏟아지지 않게 막아 주는 역할을 해요. 그물망 틈으로 이쑤시개를 넣어도 표면장력은 그대로이기 때문에, 꼭 이쑤시개로 밀어낸 만큼만 물이 흘러나올 거예요. 하지만 병을 옆으로 기울이기 시작하면 어떻게 될까요? 그물망 틈으로 공기가 밀려들어와 표면장력이 약해지면서 물이 그물망 밖으로 흘러나올 거예요.

응용 실험

다양한 크기의 그물망으로 실험해 보세요. 그물망에 난 구멍의 크기가 어느 정도일 때 물이 흘러나오나요? 집에 철제 거름망이 있다면, 플라스틱 그물망 대신 써 보세요. 또, 병 입구의 크기가 다른 병 여러 개로 실험해 볼 수도 있어요.

14. 동동 뜨는 탁구공

이번 실험에서 여러분이 해결해야 하는 과제는 물잔 중앙에 탁구공을 띄우는 거예요. 단, 손을 대지 않고 말이죠! 어렵지 않을 것 같다고요? 한 번 해보면 생각이 달라질걸요?

준비물

- 투명한 물잔 두 개
- 물
- 쟁반이나 베이킹용 팬
- 탁구공 한 개
- 물을 떨어뜨릴 수 있는 도구(피펫 등)

이렇게 해 보세요!

❶ 물잔 두 개에 거의 가득 찰 때까지 물을 채운 뒤 쟁반에 올려놓아요.

❷ 물잔 하나를 골라서 잔에 담긴 물의 중앙에 탁구공을 놓아 보세요. 탁구공은 제자리에 있나요, 아니면 옆으로 움직이나요?

❸ 탁구공을 손으로 건드리지 않고 물잔 중앙으로 오게 만들어 보세요. 탁구공이 자꾸 가장자리로 움직이는 탓에 쉽지 않을 거예요.

❹ 피펫으로 탁구공이 없는 물잔에서 물을 빨아들여, 탁구공이 있는 물잔에 천천히 떨어뜨려 보세요. 물잔에 담긴 물의 표면이 반구형 모양을 이룰 때까지 계속 떨어뜨리면 돼요. 탁구공은 어떻게 될까요? 아마 저절로 물잔의 중앙으로 움직일 거예요!

어떤 원리일까요?

잔에 담긴 물의 표면이 반구형 모양을 이루는 건, 물 분자들이 만들어 내는 표면장력 때문이에요. 물의 표면이 반구형을 이루기 시작하면 탁구공은 수면의 가장 높은 지점, 즉 물잔의 정중앙으로 움직이게 된답니다.

응용 실험

탁구공 외에도 물에 뜰 수 있는 가벼운 물체(예: 코르크 마개)를 찾아 실험해 보세요.

15. 병 속 토네이도

토네이도는 따뜻하고 습한 공기가 차갑고 건조한 공기를 만날 때 발생해요. 집에서 진짜 토네이도를 만들 수는 없지만, 비슷한 모양을 만드는 건 가능해요. 병 속에 토네이도를 만드는 이번 실험을 통해 구심력의 원리에 대해 알아봐요.

준비물

- 뚜껑이 꽉 닫히는 투명한 유리병 한 개
- 물
- 주방용 세제
- 식초 약간(찻숟가락 한 스푼 정도)
- 글리터(선택사항)

이렇게 해 보세요!

① 유리병의 $\frac{3}{4}$ 을 물로 채워요.
② 주방용 세제와 식초, 반짝이는 글리터(선택사항)를 유리병에 넣어요.
③ 물이 새지 않도록 유리병을 꽉 닫은 후, 둥글게 원을 그리며 빙글빙글 돌려 보세요. 병 속에 토네이도가 생겨날 거예요!

어떤 원리일까요?

유리병을 빙글빙글 돌리면 병 속에 소용돌이 같은 모양이 생겨나죠? 이는 물에 '구심력'이 작용하기 때문이에요. 구심력이란 이번 실험에 쓰이는 유리병 속 물처럼 원운동을 하는 물체에 나타나는, 원의 중심을 향해 작용하는 힘을 말해요.

응용 실험

물에 액상 식용 색소를 넣으면 토네이도에 색깔을 입힐 수 있어요! 또, 물에 작은 구슬 같은 걸 넣으면 물체가 토네이도에 휩쓸려 올라가는 모습을 볼 수 있답니다.

제1장 액체 실험

16. 기름에 빠진 얼음

물과 기름이 섞이지 않는다는 사실은 여러분도 이미 잘 알고 있을 거예요. 그렇다면 거기에 얼음을 더하면 어떻게 될까요? 얼음은 기름의 표면으로 떠오를까요, 아니면 아래로 가라앉을까요? 이번 실험을 통해 정답을 알아봐요!

준비물

- 물
- 얼음곽
- 액상 식용 색소
- 투명한 물잔 한 개
- 식용유(식물성)

이렇게 해 보세요!

① 얼음곽에 물을 붓고, 여러분이 좋아하는 색깔의 색소를 한 방울만 떨어뜨리세요(이렇게 하면 화려한 색깔의 얼음을 만들 수 있어요.).

② 얼음곽을 냉동실에 넣고, 얼음이 완전히 얼 때까지 기다리세요.

③ 얼음이 얼었으면 물잔의 $\frac{1}{4}$ 을 물로, 나머지는 식용유로 채우세요.

④ 얼음 하나를 물잔에 떨어뜨려요. 대부분의 얼음 속에는 공기가 있어, 만약 여러분이 고른 얼음 속에도 공기가 있다면 얼음이 기름 표면으로 둥실 떠오를 거예요. 반대로 얼음이 기름 속으로 가라앉으면 얼음 안에 공기가 없다는 뜻이겠죠? 다른 얼음으로도 시도해 보세요.

⑤ 얼음이 녹기 시작하면 어떤 일이 벌어질까요? 얼음 아래쪽에서 물방울이 떨어져 나와, 기름층을 지나쳐 물잔 아래에 고인 물을 향해 가라앉을 거예요.

어떤 원리일까요?

얼음이 녹기 시작하면 얼음 아래쪽에 물방울이 생겨요. 충분히 무거워진 물방울은 얼음에서 떨어져 나오고, 가벼운 기름층을 지나쳐 아래로 가라앉게 되죠. 기름층을 관통하며 가라앉던 물방울이 기름층의 경계면에 도달하는 순간을 관찰해 보세요. 기름층의 경계면에서 잠시 머무르던 물방울이 갑자기 펑 터지고, 바닥의 물을 향해 흘러내리기 시작할 거예요.

응용 실험

얼음 위에 소금을 약간 뿌리고, 얼음이 녹는 속도가 빨라지는지 관찰해 보세요. 아니면 실험을 시작하기 전에 기름을 살짝 데워 보는 것도 좋아요. 이러한 변화 요소가 물잔에 넣은 얼음이 녹는 속도에 어떤 영향을 미칠까요?

17. 헤엄치는 물고기

이번 실험에서는 표면장력을 이용해 종이 물고기가 쟁반 위를 헤엄치게 만들어 볼 거예요. 주방용 세제만 가지고 말이죠!

준비물

- 물
- 얕은 쟁반
- 가위
- 도화지
- 주방용 세제

이렇게 해 보세요!

1. 쟁반 높이의 절반을 물로 채워요.
2. 가위를 사용해 도화지를 물고기 모양으로 잘라요. 이때, 물고기의 꼬리가 갈라진 세모꼴이 되도록 잘라 주세요.
3. 다 잘랐으면 종이 물고기를 물 위에 띄우고, 물고기 꼬리 중앙 부근의 물에 주방용 세제를 한 방울만 떨어뜨려 보세요. 물고기가 헤엄치기 시작할 거예요!

어떤 원리일까요?

물 분자들은 서로를 끌어당겨 표면장력을 만들어 내요. 하지만 주방용 세제가 물에 닿으면 물 분자들의 결합이 약해져 표면장력이 줄어들게 되죠. 여러분이 종이 물고기의 꼬리 부근에 주방용 세제를 떨어뜨릴 때도 마찬가지예요. 주방용 세제가 물 위로 퍼져 나가면서 물의 표면장력을 약하게 만들고, 이로 인해 물고기가 앞으로 밀려나는 거죠. 주방용 세제가 물 전체에 고르게 퍼지면, 물고기도 헤엄치는 걸 멈출 거예요.

응용 실험

도화지를 물고기가 아닌 다른 모양으로 잘라서 움직이게 해보세요. 또, 큰 쟁반이나 프라이팬을 사용해서 물고기 여러 마리가 한꺼번에 헤엄치도록 만들 수도 있어요.

제1장 액체 실험

18. 동전 위의 물방울

10원짜리 동전 위에 물방울을 몇 개나 올릴 수 있을까요? 다섯 개? 열 개? 스무 개? 정답은 여러분이 생각한 것과는 다를지도 몰라요. 이번 실험에서는 10원짜리 동전 위에 물방울이 얼마나 올라가는지 알아보고, 표면장력에 대해 배워 봐요!

준비물

- 10원짜리 동전 두 개
- 쟁반이나 베이킹용 팬 등의 넓적한 접시
- 물잔 두 개
- 물
- 액체를 떨어뜨릴 수 있는 도구(피펫 등)
- 주방용 세제

이렇게 해 보세요!

1. 준비한 동전 두 개를 쟁반 위에 올려놓아요.
2. 물잔 두 개를 각각 절반 정도 물로 채운 뒤, 피펫으로 한쪽 물잔에서 물을 빨아들여 첫 번째 동전 위에 떨어뜨려요. 한 번에 한 방울씩 떨어뜨려서, 최대 몇 방울까지 올렸을 때 동전에서 물이 흘러넘치는지 확인해 보세요. 동전 위에 물이 반구형 모양으로 쌓이다가 평평해진 뒤 결국 흘러넘치죠?
3. 이번에는 두 번째 물잔에 주방용 세제를 약간 넣은 후, 두 번째 동전 위에 세제가 섞인 물방울을 떨어뜨려요. 과연 몇 방울이나 올릴 수 있을까요? 두 동전 중 어느 쪽에 물방울이 더 많이 올라갈까요?

어떤 원리일까요?

주방용 세제가 섞이지 않은 물을 떨어뜨린 동전 위에 물방울이 더 많이 올라갔을 거예요. 바로 표면장력 때문이에요. 물 분자들은 한데 뭉쳐 표면장력을 만들기 때문에, 동전에 물방울을 올리면 물방울이 점점 동그랗게 솟아오르게 되죠. 그런데 주방용 세제는 물의 이러한 표면장력을 떨어뜨려서 물방울이 동그랗게 솟아오르지 못하게 한답니다. 그래서 주방용 세제가 섞인 물을 올린 동전 위에는 물방울이 많이 올라가지 못해요.

응용 실험

다른 동전으로 같은 실험을 반복해 보세요. 50원짜리, 100원짜리, 500원짜리 동전에는 각각 몇 방울의 물방울이 올라갈까요? 표를 만들어서 실험 결과를 기록해 보세요.

19. 둥실둥실 오렌지

오렌지는 물에 뜰까요, 아니면 가라앉을까요? 껍질을 벗긴 오렌지는요? 이번 실험에서는 부력의 개념과 오렌지가 물에 뜨거나 가라앉는 이유에 대해 알아봐요.

준비물

- 오렌지 세 개가 들어갈 만한 크기의 투명한 병(화병 등)
- 물
- 오렌지나 귤 세 개

이렇게 해 보세요!

1. 꽃병의 $\frac{3}{4}$ 을 물로 채우세요.
2. 먼저 껍질을 벗기지 않은 오렌지를 물에 넣어요. 오렌지가 물의 표면으로 두둥실 떠오를 거예요.
3. 이제 껍질을 벗긴 오렌지를 물에 넣어 보세요. 떠오르나요, 가라앉나요? 껍질을 벗긴 오렌지는 그렇지 않은 오렌지보다 가벼운데도 가라앉는 모습을 볼 수 있어요!
4. 마지막으로 윗부분에만 껍질을 남겨두고 나머지 껍질을 벗긴 오렌지를 물 안에 넣어 보세요. 가라앉기는 하지만, 완전히 바닥까지는 가라앉지 않을 거예요.

어떤 원리일까요?

껍질이 있는 오렌지가 물 위로 떠오르는 건, 오렌지 껍질에 난 구멍에 공기가 들어 있기 때문이에요(껍질에 싸인 오렌지 안에도 공기가 조금 들어 있고요.). 물체가 물이나 공기, 또는 물이 아닌 액체에 뜨는 성질을 '부력'이라고 하는데요, 이번 실험에서는 오렌지 껍질이 이 부력을 만들어 주는 역할을 해요. 따라서 껍질을 벗기면 껍질 속 공기와 오렌지 내부의 공기가 함께 빠져나가면서 오렌지가 물속으로 가라앉게 되죠. 오렌지 윗부분에만 껍질을 남기면, 껍질과 오렌지 안에 공기가 약간 남기 때문에 오렌지가 완전히 떠오르거나 가라앉지 않고 중간쯤에 떠 있게 되는 거고요.

응용 실험

오렌지 대신 레몬과 라임을 사용해 실험을 반복해 보세요. 오렌지를 사용했을 때와 실험 결과가 같나요?

제1장 액체 실험

20. 바다가 담긴 병

이번 실험에서는 병 안에 바다를 만들면서, 물과 기름이 섞이지 않는 이유를 알아볼 거예요.

준비물

- 뚜껑이 꽉 닫히는 투명한 병 하나
- 물
- 파란색 액상 식용 색소
- 베이비오일 또는 식용유(식물성)
- 아몬드
- 순간접착제(선택사항)

이렇게 해 보세요!

1. 병을 반쯤 물로 채우고 파란색 액상 식용 색소를 몇 방울 더해요.
2. 뚜껑을 닫고 병을 흔들어 색소와 물을 잘 섞어 주세요.
3. 다시 뚜껑을 열고, 남은 공간을 베이비오일이나 식용유로 채워 주세요.
4. 마지막으로 아몬드를 넣고 뚜껑을 닫아요(순간접착제로 뚜껑이 열리지 않게 붙여도 돼요.).
5. 병을 옆으로 눕혀 흔들면, 푸른 파도가 움직일 거예요. 이제 아몬드를 관찰해 보세요. 물과 기름 사이에 고정된 채로 움직이지 않죠?

어떤 원리일까요?

물과 기름이 섞이지 않는 것은, 물은 '극성' 분자로 이루어져 있는 반면 기름은 '무극성' 분자로 이루어져 있기 때문이에요. 물은 한쪽은 양전하, 다른 한쪽은 음전하를 띠는 분자로 구성되어 있는 반면에, 기름 분자에는 전하가 고르게 분포되어 있죠. 이러한 차이 때문에 기름 분자는 같은 기름 분자에만 끌리고, 물 분자는 같은 물 분자에만 끌리게 돼요. 그래서 물과 기름은 절대로 섞이지 않는데, 이를 영어로는 'immiscible(혼합이 불가능)'하다고 표현하기도 하죠. 그런데 아몬드는 왜 물과 기름 중간에 떠 있는 걸까요? 그 이유는 아몬드의 밀도가 물보다는 낮지만 기름보다는 높기 때문이랍니다.

응용 실험

병 속에 만든 '바다'에 아몬드가 아닌 물체를 넣었을 때 떠오르는지 가라앉는지 관찰해 보세요. 발포정을 병 속에 넣으면 라바램프 같은 모양을 만들 수 있어요! 단, 발포정을 넣기 전에 기름을 조금 걷어내서 '바닷물'이 넘치지 않도록 하세요.

제 2 장
고체 실험

'고체'는 뚜렷한 모양과 질량이 있는 물질을 의미해요. 따라서 고체는 다른 물체가 둘러싸고 있지 않아도 원래의 모양을 잘 유지할 수 있죠. 고체 입자는 안정적이고, 대개 액체나 기체 입자보다 서로 가까이 모여 있답니다. 제 2장에서는 고체를 사용한 다양한 실험을 통해 정전기, 열 전달, 관성, 자력 같은 개념을 배워 볼 거예요. 준비됐나요?

21. 자라나는 결정

이번 실험에서는 다양한 색깔의 결정을 만들어 볼 거예요.

어른의 도움이 필요해요

준비물

- 물(아래 참조 확인)
- 냄비
- 엡솜염(아래 참조 확인)
- 나무 주걱
- 투명한 유리병 여러 개
- 액상 식용 색소
- 굵은 소금

❖ 이번 실험에는 같은 양의 뜨거운 물과 엡솜염이 필요해요. 물 한 컵(240 mL)과 엡솜염 한 컵(400 g)으로 시작하세요. 준비한 유리병의 크기가 작다면 각각 $\frac{1}{2}$ 컵(물 120 mL, 엡솜염 200 g)으로 시작해도 좋아요. 엡솜염은 조금 더 필요해질 수도 있으니 넉넉히 준비하세요.

이렇게 해 보세요!

1. 어른의 도움을 받아 냄비로 물을 데워요. 뜨겁지만 끓지는 않을 정도로 데우면 돼요.
2. 물과 같은 양의 엡솜염을 냄비에 넣고 나무 주걱으로 잘 저어 주세요.
3. 엡솜염이 물에 완전히 녹은 것 같다면 조금 더 넣어요. 냄비 바닥에 엡솜염 덩어리가 약간 남아 있어야 해요.
4. 다 됐으면 어른의 도움을 받아 냄비의 내용물을 유리병에 나눠 담은 후, 유리병마다 각각 다른 색깔의 액상 식용 색소를 열 방울씩 넣어요.
5. 굵은 소금을 유리병에 각각 넣어요. 소금은 결정이 만들어지도록 돕는 역할을 한답니다.
6. 유리병을 냉장고에 넣고 하룻밤 동안 기다려요.
7. 다음날 유리병을 냉장고에서 꺼내 액체를 따라내고 나면 아름다운 결정이 보일 거예요! 결정은 건조한 곳에 보관하면 더 오래 감상할 수 있으니 참고하세요.

어떤 원리일까요?

'엡솜염'은 황산 마그네슘이라는 이름으로도 잘 알려져 있어요. 뜨거운 물은 차가운 물보다 소금을 더 많이 흡수하기 때문에, 엡솜염을 뜨거운 물에 넣으면 과포화 용액이 만들어지죠. 이 용액을 냉장고에 넣어 식히면 물이 소금을 전부 수용할 수 없게 돼, 결과적으로 결정 형태의 황산 마그네슘이 완성된답니다.

응용 실험

유리병에서 결정의 일부를 꺼내 모양과 촉감을 관찰해 보세요. 결정은 얼마나 쉽게 바스러지나요? 결정을 물에 넣어 보는 것도 좋아요. 결정은 물에 녹을까요, 아니면 고체 모양이 그대로 유지될까요?

22. 튼튼한 달걀 껍질

달걀 껍질은 얼마나 튼튼할까요? 여러분의 손가락 힘만으로 달걀 껍질을 부술 수 있을까요? 이번 실험을 통해 정답을 알아봐요.

준비물

- 날달걀 한 개
- 작은 지퍼백(아래 참조 확인)

❖ 지퍼백이 없어도 실험을 할 수 있지만, 주변이 깨진 달걀로 지저분해질 수도 있다는 걸 명심하세요.

이렇게 해 보세요!

1. 달걀을 지퍼백 안에 넣어요.
2. 지퍼백 속 공기를 전부 빼내고 지퍼를 잠가요.
3. 손바닥에 지퍼백 그대로 달걀을 올려놓고, 온 힘을 다해서 달걀을 쥐어 보세요. 어떤가요? 깨졌나요? 손의 힘을 달걀 전체에 고르게 가하면 달걀이 깨지지 않을 거예요.

어떤 원리일까요?

달걀 껍질이 손으로 꽉 쥐어도 깨지지 않을 정도로 튼튼한 것은 바로 달걀의 형태 때문이에요. 달걀의 입체적인 곡선 형태는 건축학적으로 무척 튼튼해, 달걀에 가해지는 압력이 한 점에 모이지 않고 달걀 전체에 고르게 분산되게 만들죠. 이것이 여러분이 달걀 전체를 손바닥으로 감쌌을 때 달걀을 깨트리는 게 어려운 이유랍니다. 그런데 달걀을 손가락으로 찌르면? 달걀은 허무할 만큼 쉽게 깨질 거예요. 찌르는 한 점에 압력이 집중되기 때문이죠. 암탉이 몸통으로 달걀을 품을 때는 달걀 껍질이 멀쩡한 반면, 병아리가 달걀을 부리로 쪼면 껍질이 쉽게 깨지는 것도 이 원리로 이해할 수 있어요.

응용 실험

손이 더러워져도 괜찮다면, 반지를 낀 상태로 달걀을 꼭 쥐어 보세요. 반지를 끼지 않았을 때보다 달걀이 훨씬 쉽게 깨지죠?

23. 종이의 결

종이에는 쉽게 찢어지는 방향과 잘 찢어지지 않는 방향이 있다는 사실을 알고 있나요? 이번 실험을 통해 그 원리를 파헤쳐 봐요.

준비물

- 도화지

이렇게 해 보세요!

1. 도화지를 세로로 잡고 도화지 중앙을 따라 쭉 찢어 보세요. 도화지가 직선으로 쉽게 찢어질 거예요.
2. 이번에는 찢어진 도화지를 가로로 들고 똑같이 중앙을 따라 찢어 보세요. 도화지가 비뚤어진 모양으로 찢어질 거예요.
3. 마지막으로 찢어둔 종잇조각을 손에 쥐고 중앙을 따라 찢어 보세요. 도화지가 어떻게 찢어질까요?

어떤 원리일까요?

쪼개진 나무 토막을 관찰해 본 적 있나요? 나뭇결이 한 방향으로 뻗어 있죠? 나무에 결이 있듯, 나무로 만들어지는 종이에도 결이 있어요. 이것이 바로 종이의 결을 따라서 찢으면 종이가 쉽고 고르게 찢어지지만 다른 방향으로 억지로 찢으려 하면 비뚤게 찢어지는 이유예요.

응용 실험

도화지를 가로로, 그다음에는 세로로 접어 보세요. 어느 쪽으로 접는 게 더 수월한가요? 아마 종이의 결을 따라 접는 게 더 쉽게 느껴질 거예요.

제2장 고체 실험

24. 감자를 뚫는 빨대

과연 종이 빨대로 감자를 뚫을 수 있을까요? 감자를 뚫기 전에 종이 빨대가 망가지지 않겠냐고요? 직접 해 보세요. 생각보다 훨씬 쉬울 거예요!

준비물

- 종이 빨대
- 생감자

이렇게 해 보세요!

① 종이 빨대를 손에 단단하게 쥐고 감자를 찔러요. 아마 처음에는 감자에 약간 흠집만 나고 말 거예요.

② 이제 종이 빨대를 뒤집고 한쪽 끝부분을 엄지로 덮어요. 그 상태로 다시 한 번 감자를 찔러 보세요(감자를 뚫고 나온 빨대에 찔리지 않도록 조심하세요.). 아까 찔렀던 부분이 조금 더 축축하고 약해졌을 거예요.

③ 마지막으로 종이 빨대를 거꾸로 쥔 뒤에 아직 쓰지 않은 종이 빨대의 다른 쪽 끝부분으로 감자를 한 번 더 찔러 보세요. 이제 감자를 완전히 관통할 수 있을 거예요!

어떤 원리일까요?

빨대가 망가지지 않고 감자를 뚫을 수 있는 것은 '관성' 덕분이에요. 관성이란, 움직이는 물체(빨대)는 계속해서 움직이려고 하고, 정지해 있는 물체(감자)는 계속해서 정지해 있으려는 성질을 말하죠. 이때, 빨대 끄트머리를 엄지로 덮으면 빨대 안의 공기가 빠져나가지 못해 빨대가 좀더 단단해지는 효과가 있어요. 그래서 언뜻 약해 보이는 종이 빨대로도 감자를 완전히 뚫을 수 있는 거예요.

응용 실험

여러 번 시도해도 감자를 관통하는 게 어렵나요? 감자를 물에 넣고 30분간 기다렸다가 다시 시도해 보세요. 집에 있는 다른 과일이나 채소로 실험을 반복해 보는 것도 좋아요.

제2장 고체 실험

25. 뫼비우스의 띠

안과 밖의 구별이 없는 종이를 본 적이 있나요? 이번 실험에서 바로 그런 종이를 만들어 볼 거예요. 일명 '뫼비우스의 띠'라는 이름의 도형이랍니다.

준비물

- 가위
- 종이
- 테이프
- 연필

이렇게 해 보세요!

1. 너비 2.5cm의 직사각형 모양으로 종이를 길게 잘라요.
2. 종이 끝부분을 서로 맞닿게 둔 채로 한쪽 끄트머리를 반쯤 꼬아 주세요.
3. 한쪽 끄트머리 위쪽이 다른 끄트머리 아래쪽을 바라보는 모양이 만들어졌으면, 테이프로 붙여서 고리 모양을 만들어요.
4. 연필로 종이 중앙을 따라 선을 죽 그어 보세요. 멈추지 않고 긋다 보면 연필이 원래 시작한 지점으로 되돌아올 거예요.
5. 종이를 잘 살펴보세요. '앞'과 '뒤' 양쪽에 다 선이 있죠? 선을 긋는 동안 단 한 번도 연필을 떼지 않았는데도요! 이렇게 뫼비우스의 띠에 선을 긋는 방법으로 안과 밖의 구분이 없다는 사실을 증명할 수 있어요.

어떤 원리일까요?

'뫼비우스의 띠'에는 안과 밖의 구분이 없어요. 종이 중앙을 가로질러 그은 선의 길이를 재 보세요. 종이 길이의 두 배에 달할 거예요. 이러한 뫼비우스의 띠는 컨베이어벨트, 컴퓨터용 프린터 부품의 리본, 데이터를 덮어쓸 수 있는 녹음용 카세트 테이프 등 실생활에서도 널리 쓰인답니다.

응용 실험

완성한 뫼비우스의 띠를 중간의 선을 따라 오려 보세요. 당연히 종이가 두 조각으로 나뉠 것 같죠? 하지만 실제로는 꼬인 부분이 두 군데인 종이 한 장이 만들어져요. 이제 종이로 새로운 뫼비우스의 띠를 만들어 가장자리에서부터 $\frac{1}{3}$ 지점까지 오려 보세요. 어떻게 될까요? 크고 가느다란 고리와 작고 굵은 고리가 연결된 모양이 만들어질 거예요!

26. 빙글빙글 달걀

달걀을 회전시키는 것만으로도 날달걀인지 삶은 달걀인지 구분할 수 있다는 사실, 알고 있나요? 이번 실험에서는 '관성' 개념에 대해 배워 볼 거예요. 친구들한테 달걀 돌리기 기술을 자랑해 보세요!

준비물

- 삶은 달걀 한 개
- 날달걀 한 개

이렇게 해 보세요!

1. 삶은 달걀과 날달걀을 평평한 곳에 가로로 놓아요.
2. 먼저 삶은 달걀을 휙 회전시켜요.
3. 빙글빙글 돌아가는 달걀을 살짝 건드려 멈추게 한 다음, 손가락을 도로 떼면 어떻게 될까요? 달걀은 제자리에 가만히 있을 거예요.
4. 이번에는 날달걀을 같은 방식으로 돌려요.
5. 회전하는 날달걀을 살짝 건드려 멈추게 한 뒤 손가락을 떼어내면 어떻게 될까요? 달걀이 여전히 느릿느릿 돌아가죠? 이게 바로 삶은 달걀과 날달걀을 구분하는 비법이랍니다.

어떤 원리일까요?

삶은 달걀의 안쪽은 고체이기 때문에, 달걀 전체가 한 덩어리와도 같아요. 여러분이 손가락으로 삶은 달걀의 움직임을 멈추면 달걀 전체의 움직임이 멈추는 것도 이 때문이죠. 반면에 날달걀은 안쪽이 액체이기 때문에, 딱딱한 껍질은 움직임을 멈춰도 안쪽의 액체는 계속 움직여요. 그래서 날달걀을 고정시켰던 손가락을 떼면 달걀이 다시 빙글빙글 돌아가는 거랍니다. 이처럼 움직이는 물체가 계속 움직이려는 성질을 '관성'이라고 불러요.

응용 실험

삶은 달걀과 날달걀을 동시에 회전시켜 어느 쪽이 더 빠르게 돌아가는지 관찰해 보세요. 친구에게 퀴즈를 내는 것도 좋아요. 친구는 어느 쪽이 삶은 달걀이고 어느 쪽이 날달걀인지 알아맞힐 수 있을까요?

27. 구리를 입는 못

이번 실험에서는 10원짜리 동전을 사용해 못에 구리 도금을 해볼 거예요!

준비물

- 레몬즙이나 식초 120 mL
- 작은 그릇
- 10원짜리 동전 열 개~열다섯 개
- 소금 약간
- 깨끗하게 씻은 못(강철로 만든 것) 두 개

이렇게 해 보세요!

1. 준비한 그릇에 레몬즙을 넣어요.
2. 10원짜리 동전들과 소금을 그릇에 넣고 저어 준 뒤, 약 10분간 놓아둬요.
3. 10분 후, 이번에는 못 하나를 그릇에 넣고 15분간 기다려요.
4. 기다림이 끝났다면 못을 꺼내서 그릇에 넣지 않은 못과 비교해 보세요. 그릇에 넣었던 못에 구리 도금이 된 게 보이나요? 차이점이 눈에 띄지 않는다면, 레몬즙 용액에 못을 하룻밤 동안 넣어두고 다시 관찰해 보세요.

어떤 원리일까요?

10원짜리 동전에 함유된 구리는 레몬즙이나 식초의 산과 반응해서 '구연산 구리'라는 새로운 물질을 만들어요. 따라서 레몬즙과 10원짜리 동전이 든 그릇에 못을 넣으면 구연산 구리가 못에 달라붙어 못 표면에 얇은 구리 막을 형성하죠. 이 막은 영구적이라서, 못을 도금 전의 상태로 되돌릴 수는 없답니다.

응용 실험

레몬즙 용액에 못을 절반만 담그면 딱 절반만큼만 구리 도금이 된 못을 만들 수 있어요.

제2장 고체 실험 **57**

28. 바나나 비밀 메시지

바나나와 이쑤시개만 있으면 친구에게 특별한 비밀 메시지를 적어 보낼 수 있어요!

준비물

- 껍질을 벗기지 않은 바나나
- 이쑤시개

이렇게 해 보세요!

1. 바나나를 가로로 눕혀 놓고, 메시지를 쓸 수 있을 만한 평평하고 공간이 많은 부분을 찾아봐요.
2. 메시지를 쓸 곳을 골랐으면, 이쑤시개로 바나나 껍질을 콕콕 찔러 글자를 새겨 보세요. 처음에는 이쑤시개로 쓴 메시지가 눈에 보이지 않을 거예요.
3. 한 시간 이상 기다리면, 새긴 글자의 색이 짙어지면서 메시지를 읽을 수 있게 된답니다.

어떤 원리일까요?

바나나 껍질에 구멍이나 흠집을 내면, 껍질의 색소가 갈색으로 변해요. 바나나 껍질 세포는 '폴리페놀 산화효소'라는 물질을 뿜어내는데, 이 물질이 산소와 반응하면 갈색으로 변하기 때문이에요.

응용 실험

이쑤시개로 바나나 껍질 여기저기에 다양한 무늬나 모양을 새길 수 있어요. 이쑤시개가 없다면 손톱으로 꾹꾹 눌러도 돼요. 바나나에 좋은 글귀를 써 넣어 친구나 부모님에게 깜짝 선물을 해보는 건 어떨까요? 또, 메시지를 새긴 바나나와 새기지 않은 바나나 중 어느 쪽이 먼저 물러지는지 관찰해 보는 것도 좋아요.

29. 뚜껑 위의 포크

100원짜리 동전만 있으면 페트병 위에 포크 두 개를 올릴 수 있다는 사실! 언뜻 포크들이 균형을 못 잡고 떨어질 것 같지만, 무게중심을 잘 이용하면 충분히 가능하답니다.

준비물

- 100원짜리 동전 한 개
- 포크 두 개
- 물을 가득 채운 후 뚜껑을 닫은 페트병

이렇게 해 보세요!

1. 두 포크가 교차되는 중간 홈에 100원짜리 동전을 끼워요. 사진에서 보이는 것처럼 두 포크가 서로를 마주보게 단단히 고정해 줘야 해요.
2. 이제 페트병 뚜껑 위에 100원짜리 동전을 세로로 세워 균형을 잡아 보세요. 포크와 동전이 어렵지 않게 중심을 잡고 세워질 거예요.
3. 그 상태에서 포크를 제자리 회전시켜 보세요. 어떤 일이 벌어질까요?

어떤 원리일까요?

포크와 100원짜리 동전의 '무게중심'은 페트병과 맞닿은 부분에 위치해 있어요. 그래서 페트병 위에서도 동전이 쉽게 균형을 잡을 수 있는 거죠. 무게중심이란, 물체의 모든 면이 균형을 이루고 무게가 고르게 분산되는 지점을 가리켜요. 무게중심이 낮은 물건, 예를 들어 경주용 자동차는 옆으로 밀어 넘어뜨리는 게 어렵지만, 무게중심이 높은 물건, 예를 들어 이층 버스는 비교적 쉽게 밀어 넘어뜨릴 수 있답니다.

응용 실험

집에 있는 물건의 무게중심을 찾아보세요. 예를 들어, 손가락에 연필을 올리고 떨어지지 않게 균형을 잡아 보면 연필의 무게중심이 어디인지 알 수 있어요.

30. 세워지는 캔

이번 실험에서는 탄산음료 캔을 비스듬하게 세워 제자리에서 빙글빙글 돌아가게 만드는 묘기를 배워 볼 거예요. 잘 익혀서 주위 사람들에게 자랑해 보세요. 아마 깜짝 놀랄 걸요?

준비물

- 빈 탄산음료 캔 한 개
- 물 30 mL(상황에 따라 더 필요할 수도 있어요.)

이렇게 해 보세요!

1. 빈 탄산음료 캔 아래쪽 가장자리를 만져 보세요. 둥글게 튀어나온 홈이 있죠? 그 부분을 바닥이나 식탁에 댄 채로 캔을 비스듬히 세워 보세요. 아무리 해도 안 될 거예요.
2. 이제 캔에 물을 30 mL 정도 넣어 보세요(탄산음료 캔은 제품마다 크기가 다르기 때문에, 물이 조금 더 필요할 수도 있어요.).
3. 물을 넣은 캔을 아까처럼 45° 각도로 세워 보세요(물이 쏟아질 경우를 대비해 싱크대 위에서 실험하는 걸 추천해요.). 캔을 붙잡은 손을 떼면 어떻게 될까요? 만약 캔이 넘어진다면, 물을 조금 더 넣고 다시 한 번 시도해요. 여러 번 반복하다 보면, 캔이 비스듬히 균형을 잡고 서게 될 거예요.
4. 손가락으로 캔을 살짝 밀어 보세요. 45°로 기울어진 상태로 캔이 제자리에서 빙글빙글 돌아간다면 성공이에요!

어떤 원리일까요?

탄산음료 캔이 45° 각도로 기울어진 상태로도 균형을 유지하는 것은 캔의 '무게중심' 때문이에요. 빈 캔의 무게중심은 캔 중간 즈음에 있기 때문에, 옆으로 기울이면 캔이 넘어지기 마련이에요. 하지만 캔에 물을 넣으면 무게중심은 물이 가장 많은 쪽으로 옮겨가게 돼요. 캔을 비스듬히 기울이면 물은 당연히 한쪽에 고이겠죠? 바로 그 지점이 새로운 무게중심이기 때문에 캔이 기울어진 상태로 균형을 유지할 수 있는 거랍니다.

31. 빙글빙글 티슈

이번 실험은 여러분의 손을 가까이 가져다 대는 것만으로도 티슈가 저절로 빙글빙글 돌아가게 만드는 것이랍니다!

준비물

- 공작용 찰흙
- 끝부분에 지우개가 달린 연필(심을 날카롭게 깎은 연필로 준비하세요.)
- 바늘(곧은 것으로 준비하세요.)
- 자
- 가로 8cm, 세로 8cm 크기로 자른 티슈 한 장

이렇게 해 보세요!

① 찰흙을 2.5~5cm 높이의 공 모양으로 빚어 식탁에 붙여요.
② 연필심을 찰흙에 꽂아 연필이 똑바로 서도록 만들어요.
③ 바늘을 연필 지우개에 꽂아 똑바로 세워 주세요.
④ 준비한 정사각형 티슈를 포개진 세모 모양이 되도록 대각선으로 한 번 접어요. 접은 티슈를 펼치고 반대 방향으로 한 번 더 똑같이 접으면, 티슈에 서로 교차하는 대각선이 생겼을 거예요.
⑤ 대각선이 교차하는 지점을 연필 지우개에 꽂힌 바늘 위에 올려놓으세요. 티슈가 바늘 위에서 중심을 잡으면 우산 같은 모양이 만들어질 거예요.
⑥ 이제 티슈를 감싸듯이 양손을 티슈 가까이로 가져가세요(손으로 티슈를 직접 건드리면 않도록 주의하세요.). 어떤 일이 벌어질까요? 티슈가 천천히 돌아간다고요? 만약 티슈가 생각처럼 움직이지 않는다면, 손에 입김을 호호 불거나 손을 따뜻한 물로 씻어 데운 뒤 다시 한 번 시도해 보세요.

어떤 원리일까요?

티슈가 저절로 빙글빙글 돌아가는 것은 여러분의 손에서 나오는 열 때문이에요. 따뜻한 공기는 위로 올라가려는 성질을 갖고 있는데, 손의 온기가 티슈 주변의 공기를 데워 상승시키기 때문에 연필 위에서 균형을 잡고 있던 티슈가 빙글빙글 돌아가게 되는 거죠.

응용 실험

티슈 위쪽과 아래쪽에 손을 가져가면 실험 결과가 어떻게 달라질까요? 또, 한 손만 가져다 대면 어떻게 될까요?

32. 지퍼백 속 새싹

식물이 씨앗으로부터 자라난다는 사실은 다들 이미 알고 있죠? 이번 실험에서는 씨앗(콩)에서 싹이 트고 자라나는 모습을 직접 관찰해 볼 거예요.

준비물

- 그릇
- 물
- 강낭콩 다섯 개~열 개(종류나 색깔은 상관없어요.)
- 키친타월
- 지퍼백
- 테이프

이렇게 해 보세요!

1. 그릇에 물을 가득 담고 강낭콩을 넣은 뒤 하룻밤을 기다려요. 이 시간 동안 콩은 데워지면서 싹을 틔울 준비를 한답니다.
2. 하룻밤이 지나면 물에 적신 키친타월을 접어서 지퍼백에 넣고, 강낭콩을 지퍼백 속 키친타월의 한쪽에 나란히 놓아두세요.
3. 이제 지퍼백을 닫고 햇볕이 잘 드는 창문에 테이프로 붙여 주세요. 콩이 있는 쪽이 여러분을 향하도록 붙여야 새싹이 자라는 모습을 관찰할 수 있겠죠?
4. 24시간 이내로 강낭콩에서 싹이 나고, 일주일쯤 지나면 이 싹이 상당히 자라 있을 거예요. 키친타월이 마르면 물을 더 넣으세요. 싹이 많이 자라서 이파리가 생겨나면 화분에 옮겨 심는 걸 잊지 말고요.

어떤 원리일까요?

건조된 콩은 어린 식물을 품은 씨앗의 일종이에요. 이와 같은 씨앗이 식물이 되는 과정을 '발아'라고 하죠. 씨앗이 자라려면 햇빛, 공기, 물, 적정한 온도 등의 조건이 갖춰져야 해요. 이런 조건이 모두 충족되면 비로소 씨앗이 무럭무럭 자라날 수 있답니다. 여러분은 씨앗에 물을 주고 공기가 통하고 햇볕이 잘 드는 창문에 놓아둠으로써 식물이 자라나기에 적합한 환경을 만들어 준 거예요.

응용 실험

다양한 콩을 제각기 지퍼백에 넣은 뒤, 어떤 콩에서 가장 빠르게 싹이 트고 자라는지 관찰해 보세요. 매일 콩의 상태를 그림으로 그려 기록해 두면 변화를 알아보기 쉬워요.

33. 연필이 꽂히는 지퍼백

이번 실험에서는 연필로 꿰뚫어도 물이 새지 않는 신기한 지퍼백을 만들어 볼 거예요. 말도 안 된다고요? 중합체의 힘을 사용하면 가능하답니다.

준비물

- 지퍼백
- 물
- 액상 식용 색소(선택사항)
- 연필 다섯 개~여섯 개
- 커다란 프라이팬이나 베이킹용 팬

이렇게 해 보세요!

1. 지퍼백의 $\frac{3}{4}$을 물로 채워요. 물에 액상 식용 색소를 몇 방울 넣어도 좋아요(식용 색소가 없어도 실험을 하는 데는 아무 문제가 없으니 걱정하지 마세요.).
2. 지퍼백을 단단히 봉해서 물이 새지 않도록 해요.
3. 연필이 지퍼백 반대편으로 빠져나오도록 지퍼백을 찔러 관통해 주세요(뾰족한 연필심에 손을 찔리지 않게 조심하세요.). 분명 지퍼백에 구멍이 났는데도 물이 새지 않아요! 신기하죠?
4. 나머지 연필도 똑같이 지퍼백에 꽂은 뒤, 프라이팬이나 싱크대 위에서 하나씩 뽑아 보세요. 이번에는 구멍에서 물이 콸콸 흘러나올 거예요.

어떤 원리일까요?

연필을 꽂아도 지퍼백에서 물이 새어나오지 않는 것은, 지퍼백이 '중합체'로 이루어져 있기 때문이에요. 중합체는 유연한 분자들이 길게 연결된 사슬 모양을 하고 있어요. 지퍼백을 연필로 찌르면 바로 이 분자들이 움직여 연필이 지나갈 수 있는 공간을 만들고, 구멍 주변 틈을 막아 준답니다. 하지만 연필을 빼내면 이 틈새가 다시 벌어지면서 물이 흘러나오게 되죠.

응용 실험

집에 있는 다른 비닐 봉투로 실험해 보세요. 물이 샐 수도 있으니 꼭 그릇이나 싱크대 위에서 실험하는 걸 잊지 말고요!

34. 발바닥 밑의 달걀

달걀 껍질은 사람이 밟고 서도 깨지지 않을 만큼 단단해요. 이번 실험에서는 달걀 껍질이 얼마나 단단한지, 그리고 어떤 원리로 그렇게 단단할 수 있는지 알아볼 거예요.

준비물

- 날달걀 스물네 개(12구 두 개)

이렇게 해 보세요!

1. 평평한 바닥에 12구 달걀 용기 두 개를 나란히 내려놓은 뒤, 맨발로 달걀을 조심스레 밟고 올라서요. 양옆에서 손을 잡아 줄 사람이 있다면 달걀 위로 더 쉽게 올라갈 수 있어요. 이때 발바닥 전체에 몸무게를 고루 분산해, 한 지점에만 압력이 쏠리지 않도록 하는 게 중요해요.
2. 중심을 잘 잡았다면, 이제 양옆에서 잡아 주는 사람의 손을 놓아 보세요. 혼자서 달걀을 밟고 서 있을 수 있다면 실험 성공이에요!

어떤 원리일까요?

달걀 껍질은 암탉이 온몸으로 깔고 품어도 깨지지 않을 만큼 단단한 한편, 병아리가 부리로 쪼아서 깨고 나올 수 있을 만큼 약하기도 해요. 이런 현상의 비밀은 바로 달걀의 둥근 모양에 숨어 있답니다. 암탉이 달걀을 깔고 앉을 때의 하중은 둥근 달걀 껍질에 골고루 분산되어 흡수돼요. 하지만 병아리가 부리로 껍질을 쪼아대면 어떻게 될까요? 한 점에 큰 힘이 집중되면서 껍질이 깨질 거예요. 달걀의 이런 형태는 다리나 건물처럼 큰 구조물을 세울 때 쓰는 아치 모양과 비슷하답니다.

응용 실험

달걀을 깨트려도 괜찮다면, 굽이 있는 신발을 신고 다시 실험해 보세요.

제2장 고체 실험

35. 관성 체커 탑

이번 실험에서는 보드게임 체커 말을 사용해 뉴턴 운동 법칙 중 하나인 관성의 법칙에 관해 배워 볼 거예요.

준비물

- 체커(보드게임) 말 10개

이렇게 해 보세요!

1. 체커 말 9개를 포개어 쌓고, 남은 마지막 말(이하 10번 말)은 2.5cm 정도 떨어진 곳에 놓아둬요.
2. 이제 10번 말을 손가락으로 강하게 튕겨, 쌓아둔 말 중 가장 아래층에 있는 말(이하 9번 말)을 맞춰 보세요. 어떻게 되나요? 9번 말이 튕겨 나가고도 탑이 무너지지 않는다면 실험 성공이에요.

어떤 원리일까요?

10번 말과 충돌한 9번 말이 밖으로 튕겨 나가도 탑이 무너지지 않고 멀쩡한 것은 '관성의 법칙' 때문이에요. 관성의 법칙이란, 움직이는 물체는 계속해서 움직이고, 정지한 물체는 계속해서 정지한 상태로 있으려는 경향을 가리켜요. 체커 탑은 외부의 힘이 가해지지 않는 이상 계속 '정지' 상태를 유지해요. 여러분이 튕긴 10번 말과 탑이 충돌할 때에도, 충격으로 가해진 힘은 오로지 9번 말에게만 집중되죠. 그래서 나머지 말들의 '정지' 상태 덕분에 탑이 무너지지 않는 거랍니다.

응용 실험

이번에는 9번 말을 제외한 다른 말을 겨냥해 맞춰 보세요. 실험 결과가 같을까요? 체커 말보다 마찰력이나 점성이 높은 물체(고리 모양 젤리 등)로 실험해 보는 것도 좋아요. 결과가 어떤가요?

36. 소금 후추 분리 실험

소금과 후추를 섞은 뒤 도로 분리할 수 있을까요? 가능하다면, 시간은 얼마나 걸릴까요? 이번 실험에서는 플라스틱 숟가락과 정전기의 힘을 이용해 손쉽게 소금과 후추를 분리해 볼 거예요.

준비물

- 소금 한 큰술
- 후추 한 작은술
- 납작한 접시
- 플라스틱 숟가락, 포크, 혹은 머리빗
- 양모로 만든 옷(선택사항)

이렇게 해 보세요!

1. 접시에 소금과 후추를 뿌리고 섞어요.
2. 머리카락이나 양모로 만든 옷에 플라스틱 숟가락을 문지른 다음, 접시 근처로 가져가 보세요. 후추 알갱이가 플라스틱 숟가락에 달라붙을 거예요. 여러 번 반복하다 보면 후추와 소금을 분리할 수 있겠죠?

어떤 원리일까요?

후추 알갱이가 플라스틱 숟가락에 달라붙는 것은 '정전기' 때문이에요. 후추 알갱이가 소금 알갱이보다 가볍다는 것도 한몫하고요. 대부분의 물체가 그렇듯 플라스틱 숟가락도 원래는 전기적으로 중성 상태에 있어요. 하지만 머리카락이나 양모로 만든 옷에 플라스틱 숟가락을 문지르면, 머리카락이나 양모에 있던 전자가 숟가락으로 옮겨져 숟가락이 음전하를 띠게 되죠. 이렇게 두 물체의 마찰에 의해 발생해 한곳에 머무르는 전기를 정전기라고 부르는데요, 이로 인해 양전하를 띠는 물질이 숟가락으로 끌려오게 되는 거예요. 후추 알갱이도 원래는 중성 상태예요. 하지만 후추는 비교적 쉽게 극성을 얻는 성향이 있기 때문에, 후추 알갱이의 한쪽은 음전하를, 다른 한쪽은 양전하를 띠기 쉬워요. 양전하를 띠는 쪽은 당연히 음전하를 띠는 플라스틱 숟가락에 이끌리겠죠? 이게 바로 후추가 플라스틱 숟가락에 달라붙는 이유랍니다. 그렇다면 소금 알갱이는 어떨까요? 후추와 비교하면 소금은 극성을 쉽게 얻지 않아요. 그래서 플라스틱 숟가락에 잘 달라붙지 않는답니다.

응용 실험

부엌에 있는 여러 가지 조미료로 실험해 보세요. 어떤 조미료가 음전하를 띠는 플라스틱 숟가락에 달라붙을까요?

37. 공중에 뜨는 하트

이번 실험에서는 자력을 이용해 공중에 하트를 띄워 볼 거예요.

준비물

- 가위
- 티슈
- 클립
- 딱풀
- 61cm 길이로 자른 실
- 테이프
- 자석

이렇게 해 보세요!

1. 가위로 티슈를 잘라 2.5~4cm 너비의 하트를 두 개 만들어요.
2. 하트 한 개를 식탁에 올린 뒤 중앙에 클립을 끼우세요. 하트 아래쪽으로 클립이 살짝 튀어나오도록 끼우면 돼요.
3. 딱풀로 두 번째 하트를 첫 번째 하트에 잘 붙여 주세요. 사이에 낀 클립이 아래쪽으로 살짝 튀어나오게 붙여야 해요.
4. 클립에 실을 꿰고, 실 끄트머리를 테이프로 식탁에 고정해요.
5. 하트를 집어 들고, 자석을 하트 바로 위로 가져가 보세요. 하트가 자석과 닿지 않은 채로 공중에 둥둥 뜬다면 실험 성공이에요!

어떤 원리일까요?

하트가 공중에 떠오르는 것은 자석과 클립 사이에 발생하는 '자력' 때문이에요. 자력이란, 자석처럼 자성을 가진 물체가 서로 밀거나 당기는 힘을 말하죠. 티슈는 무척 가볍기 때문에, 하트를 아래로 끌어당기는 중력보다 위로 끌어당기는 자력의 영향을 크게 받아 이렇게 둥둥 떠오르게 된답니다.

응용 실험

다양한 종이로 하트를 만들어 보세요. 티슈로 만든 하트처럼 공중에 띄울 수 있을까요? 모양은 꼭 하트가 아니어도 괜찮아요. 여러 가지 모양으로 실험해 보세요.

38. 구슬 굴리기 트랙

이번 실험에서는 중력의 힘을 이용해 구슬을 굴릴 수 있는 트랙을 만들어 볼 거예요. 집에 있는 재활용품을 활용해서 말이죠!

준비물

- 휴지심, 종이 상자, 신문, 바구니 등의 재활용품
- 가위
- 마스킹 테이프
- 구슬 한 개

이렇게 해 보세요!

1. 실험 장소가 될 벽 근처에 재활용품을 모아놓고, 트랙으로 만들어요. 휴지심은 반원 모양으로 자르면 트랙을 두 배 더 길게 만들 수 있고, 종이 상자는 양쪽 면을 펼치면 터널로 쓸 수 있답니다.
2. 트랙과 터널을 마스킹 테이프로 벽에 고정해요. 위에서부터 아래로 차례로 붙이면 돼요. 바구니가 있다면, 트랙을 완주한 구슬이 쏙 들어갈 골인 지점으로 쓸 수 있어요(벽에 붙여도 되고, 바닥에 둬도 돼요.). 여러분만의 흥미진진한 트랙이 완성됐나요?
3. 트랙 위에서부터 구슬을 굴려서 구슬이 끝까지 무사히 도착하는지 시험해 보세요. 실패했다면 트랙을 조정해서 몇 번이고 다시 시도하면 돼요!

어떤 원리일까요?

구슬이 트랙을 따라 움직이는 것은 바로 '중력' 때문이에요. 중력은 질량을 지닌 물체가 서로 끌어당기는 힘을 의미한답니다. 여러분이 우주를 둥둥 떠다니는 대신 땅에 발을 딛고 똑바로 서 있을 수 있는 것은 지구의 중력 덕분이에요. 태양계 행성이 태양 곁을 떠나지 않고 주변을 빙글빙글 돌 수 있는 것도 태양의 중력 덕분이고요!

응용 실험

집에 있는 재활용품을 활용해 다양한 장애물을 만들어 보세요. 터널 끝에 숟가락을 설치하면 구슬이 튀어 올라 다음 코스로 넘어가도록 하는 장치를 만들 수도 있어요.

제2장 고체 실험 77

39. 얼음 터널

이번 실험에서는 얼음 덩어리 속에 색색깔 터널을 만들어 볼 거예요.

준비물

- 그릇 두 개
- 물
- 유리로 된 베이킹용 접시
- 소금
- 투명하고 작은 유리잔 여러 개
- 액상 식용 색소
- 물방울을 떨어뜨릴 수 있는 도구(피펫 등)

이렇게 해 보세요!

1. 준비한 그릇의 $\frac{3}{4}$을 물로 채우고 냉동실에 넣어요.
2. 얼음이 완전히 얼면 그릇을 냉동실에서 꺼내요.
3. 베이킹용 접시 위에서 그릇을 거꾸로 뒤집어 얼음을 꺼내요 (그릇 위로 따뜻한 물을 몇 초만 흐르게 하면 얼음을 쉽게 빼낼 수 있어요.).
4. 얼음 덩어리 위로 소금을 충분히 뿌려요.
5. 유리잔 여러 개에 물을 채우고 각각 다른 색의 액상 식용 색소를 넣어요.
6. 피펫을 사용해 색색깔의 물을 얼음 덩어리 위로 떨어뜨려 주세요. 물이 닿은 얼음이 갈라지면서 터널이 생겨날 거예요. 물에 색소를 탔기 때문에, 터널이 생겨나는 모습을 직접 관찰할 수 있어요.
7. 다양한 색소를 사용하면 터널이 서로 합쳐지면서 색이 뒤섞이는 모습을 볼 수 있을 거예요.

어떤 원리일까요?

소금은 얼음의 '어는점'을 낮출 수 있어요. 어는점이란, 액체가 얼어 고체로 변하기 시작할 때의 온도를 말해요. 어는점을 낮추면 액체는 더 낮은 온도에 도달해야만 얼게 돼, 어는점을 낮추기 전보다 잘 얼지 않죠. 그래서 소금이 많이 뿌려진 얼음은 그렇지 않은 얼음보다 녹는 속도가 빨라 터널이 생겨난답니다.

응용 실험

다양한 모양의 틀이나 용기로 얼음을 만들어 보세요. 얼음 모양이 달라지면 터널 모양은 어떻게 달라질까요?

40. 지퍼백 속 아이스크림

집에서도 손쉽게 아이스크림을 만들 수 있다는 사실! 이번 실험에서는 지퍼백과 몇 가지 재료만 가지고 아이스크림을 만들어 볼 거예요.

준비물

- 얼음 네 컵~여섯 컵(460g~842g)
- 굵은 소금 $\frac{1}{3}$ 컵(77g)
- 냉동용 지퍼백 대형(가로 26.8cm x 세로 27.3cm)
- 생크림(유지방 함량 36% 이상)
- 바닐라 추출액(익스트랙) 약간(찻숟가락 한 스푼 정도)
- 설탕 30g(기호에 맞게 조절)
- 냉동용 지퍼백 중형(가로 17.7cm x 세로 18.8cm)
- 장갑(선택사항)

이렇게 해 보세요!

1. 대형 지퍼백에는 얼음과 소금을, 중형 지퍼백에는 생크림, 바닐라, 설탕을 넣어요.
2. 중형 지퍼백에서 최대한 공기를 빼내고 밀봉한 뒤, 손으로 주물러 내용물을 잘 섞어요.
3. 중형 지퍼백을 대형 지퍼백 안에 통째로 넣고, 대형 지퍼백을 밀봉한 뒤 내용물이 얼 때까지 흔들어 주세요. 얼마나 세게 흔드는지에 따라 다르지만, 5~10분 정도면 중형 지퍼백의 내용물이 충분히 얼 거예요. 손이 시릴 수 있으니 장갑을 낀 채로 흔드는 것도 좋아요.
4. 두 지퍼백을 모두 열어 보세요. 중형 지퍼백 안에 넣은 재료가 어느새 달콤한 바닐라 아이스크림으로 바뀌어 있을 거예요!

어떤 원리일까요?

소금은 얼음의 '어는점'을 낮추는 효과가 있어요. 내용물이 섞이도록 두 지퍼백을 흔들면 대형 지퍼백 속 얼음이 소금과 닿으면서 녹기 시작하고, 차가운 물에 둘러싸인 중형 지퍼백 속 아이스크림 재료는 반대로 빠르게 얼기 시작해요. 겨울에 얼어붙은 도로나 인도에 소금을 뿌리는 것도 바로 이 원리를 이용하죠. 소금을 뿌린 얼음은 빨리 녹기 때문에, 보행 중이나 운전 중 발생하는 미끄러짐 사고를 방지할 수 있어요.

응용 실험

신선한 과일이나 장식용 스프링클, 잘게 부순 쿠키 따위를 넣으면 다양한 맛의 아이스크림을 만들 수 있어요.

41. 빨대 포장지 지렁이

빨대 종이 포장지를 활용하면 집이나 식당에서 손쉽게 꿈틀꿈틀 움직이는 지렁이 모양을 만들 수 있어요.

준비물

- 종이 포장지가 있는 빨대(아래 참조 확인)
- 물
- 물방울을 떨어뜨릴 수 있는 도구(피펫 등)

❖ 종이 포장지에 싸인 빨대는 카페나 식당에서 쉽게 구할 수 있어요.

이렇게 해 보세요!

1. 빨대에 씌워진 종이 포장지 양쪽 끝부분을 안쪽으로 살살 밀어 빨대 중간에 모아 준 뒤, 그 상태로 빼내 식탁에 올려놓아요.
2. 피펫으로 빨대 포장지에 물을 몇 방울 뿌려 보세요. 물을 더할 때마다 빨대 포장지 지렁이가 꿈틀대며 점점 커지는 모습을 확인할 수 있을 거예요.

어떤 원리일까요?

물이 닿으면 빨대 포장지 지렁이가 꿈틀대고 커지는 것은 '모세관 현상' 때문이에요. 종이 안에는 작은 섬유가 있는데, 물이 이 섬유를 타고 이동하는 거죠(식물이 뿌리로 물을 빨아들여 몸 구석구석으로 전달하는 모습을 상상해 보세요.). 이렇게 종이가 물을 빨아들일수록 종이 지렁이는 점점 커지고 똑바로 펼쳐지면서 원래 형태를 되찾게 된답니다.

응용 실험

빨대 포장지를 한쪽으로 모으기 전에 다양한 색깔의 수성 매직펜으로 칠해 보세요. 색색깔의 지렁이를 만들 수 있어요!

제2장 고체 실험 81

42. 파란 동전

청소할 때 세제 대용으로 식초를 쓸 수 있어요. 그런데 만약 물건을 세척한 다음 식초를 닦아내지 않으면 어떻게 될까요? 이번 실험에서는 식초를 묻힌 채 내버려둔 동전의 색깔 변화를 관찰해 볼 거예요.

준비물

- 키친타월 두 장
- 작은 쟁반이나 접시
- 500원짜리 동전과 100원짜리 동전 여러 개
- 식초

이렇게 해 보세요!

1. 쟁반에 키친타월을 깔고 그 위에 준비한 동전을 올려놓아요.
2. 동전 위에 식초를 부어요. 키친타월이 젖을 정도로 부어야 해요.
3. 새 키친타월로 동전을 덮고, 동전과 맞닿은 부분이 빠짐없이 젖을 만큼 다시금 식초를 부어 주세요.
4. 그 상태로 24시간 방치한 뒤 키친타월을 걷어내요. 동전은 과연 어떻게 달라졌을까요?

어떤 원리일까요?

500원짜리 동전과 100원짜리 동전에는 구리가 들어 있어요. 식초와 오래 맞닿아 있으면 구리는 청록색으로 변하기 때문에, 구리를 함유한 동전 역시 청록색을 띠게 돼요. 이를 구리의 표면에 생기는 초록색의 녹이라는 뜻의 '녹청'이라고 부른답니다.

응용 실험

식초를 묻힌 동전을 24시간이 넘도록 방치하면 그만큼 청록색이 더욱 진해진답니다. 다른 동전으로 실험해 보세요. 결과가 같을까요?

43. 물잔 옆의 포크

이번 실험에서는 이쑤시개를 사용해서 컵 가장자리에 포크 두 개를 세워 볼 거예요. 언뜻 보면 절대 불가능할 것 같지만, 무게중심의 원리를 이해하면 전혀 어렵지 않답니다.

준비물

- 포크 두 개
- 이쑤시개 한 개
- 투명한 물잔 한 개

이렇게 해 보세요!

1. 두 포크를 서로 마주보고 맞물리게 해요.
2. 여러분의 손가락 위에 올려놓았을 때 맞물린 포크가 균형을 잡는 위치를 찾아보세요. 이 지점이 바로 두 포크의 무게 중심이거든요.
3. 이곳에 이쑤시개를 끼운 다음, 물잔 가장자리에 올려놓고 균형을 잡아요. 처음에는 잘 안 될 수도 있어요. 이쑤시개를 놓는 위치를 여러 번 조정해 보면서 두 포크가 물잔 가장자리에서 가로로 균형을 잡을 수 있는 지점을 찾아보세요.

어떤 원리일까요?

포크가 물잔 위에서 가로로 균형을 잡을 수 있는 것은 '무게중심' 때문이에요. 무게중심이란 물체 전체의 무게가 집중되는 점으로, 그 점을 받치는 것만으로도 물체 전체를 받치는 것과 같은 효과가 난답니다. 포크 두 개를 맞물리게 해 한 덩어리로 만들면, 원래 따로따로 있던 포크의 무게중심이 한 점으로 모이게 돼요. 손가락에 포크들을 올렸을 때 균형이 무너지지 않는 지점이 바로 새로운 무게중심이죠. 그리고 이쑤시개를 끼운 포크들을 가로로 눕히면 무게중심은 한 번 더 새로운 지점으로 이동하게 돼요. 유리잔 가장자리에서 포크들이 무너지지 않게 균형을 잡는, 이쑤시개 바로 아랫부분이 최종적인 무게중심이 되는 거예요.

응용 실험

이번 응용 실험은 어른의 도움이 필요해요. 물잔의 안쪽을 향하는 이쑤시개 끄트머리에 불을 붙여야 하기 때문이죠. 이쑤시개를 타고 나아가던 불은 물잔과 맞닿는 부분에 도달하면 열이 식어 저절로 꺼질 거예요. 그런데도 포크는 그대로 균형을 잡고 있죠? 반대편 이쑤시개에 불을 붙여도 마찬가지예요. 불은 포크에 다다르면 꺼지고, 이쑤시개의 균형은 무너지지 않는답니다.

44. 물병 속 동전

이번 실험에서는 손을 대지 않고 동전을 물병 안에 집어넣어 볼 거예요. 관성의 힘을 이용해서 말이죠!

준비물

- 가로 8cm, 세로 8cm 크기로 자른 마분지(시리얼 상자를 오려서 사용해도 좋아요.)
- 입구가 좁은 투명한 물병 한 개
- 물병의 입구보다 작은 크기의 동전 한 개

이렇게 해 보세요!

1. 정사각형으로 자른 마분지로 빈 물병 입구를 덮어요.
2. 물병 입구의 위치에 맞춰 동전을 마분지 위에 올려놓아요.
3. 이제 마분지 가장자리를 여러분의 손가락을 이용해 가로로 튕겨 보세요. 마분지가 날아가도 동전은 그 위치에 그대로 머무르다가 물병 안으로 떨어질 거예요.

어떤 원리일까요?

움직이는 물체는 계속 움직이고 정지한 물체는 계속 정지한 상태로 있으려는 경향을 '관성'이라고 해요. 마분지가 움직여도 동전은 제자리에 머무는 것도 바로 관성 때문이죠. 아래를 받쳐 주던 마분지가 사라지면 동전은 중력에 의해 물병 안으로 쏙 들어갈 수밖에 없답니다.

응용 실험

구슬 등 다른 물체로도 실험해 보세요. 어떤 물체를 사용하는 게 실험에 가장 효과적일까요?

45. 서로 달라붙는 공책

이번 실험에서는 오직 마찰력을 이용해 공책 두 권이 서로 달라붙게 만들어 볼 거예요.

준비물

- 같은 크기의 공책 두 권

이렇게 해 보세요!

1. 공책 두 권의 마지막 장을 각각 펼친 뒤 뒷면의 표지가 서로 포개지게 놓아요.
2. 이런 식으로 두 공책의 책장을 번갈아가며 덮다 보면 두 공책이 완전히 얽힌 모양이 될 거예요. 이때, 책장이 평평한 모양을 유지하며 포개지도록 놓아야 한다는 점을 주의하세요.
3. 마지막으로 앞면의 표지를 덮어서 마무리해요.
4. 이제 양쪽 공책의 가장자리를 각각 손으로 잡고 힘주어 당겨 보세요. 아무리 애를 써도 두 공책을 떼어낼 수 없을 거예요.

어떤 원리일까요?

두 공책은 왜 서로 달라붙은 채로 떨어지지 않는 걸까요? 공책을 떼어내려고 힘을 주면 포개진 책장 사이사이의 수직항력이 커지면서 전체적인 '마찰력'이 커지게 돼요. 각각의 책장을 힘으로 떼어내는 게 어려운 것은 이러한 이유 때문이랍니다.

응용 실험

서로 다른 크기의 공책으로 실험하거나, 책장의 절반 분량만 포개는 방법으로 실험해 보세요. 결과가 어떻게 나타날까요?

46. 풍선 꼬치

풍선을 날카로운 물체로 찌르면 어떻게 될까요? 당연히 "펑!" 하고 터질 거라고요? 이번 실험에서는 풍선을 터뜨리지 않고 꼬챙이로 꿰어 볼 거예요. 중합체의 특성을 활용하면 가능하거든요!

준비물

- 라텍스로 만들어진 풍선
- 나무 꼬챙이

이렇게 해 보세요!

1. 풍선의 $\frac{3}{4}$ 이 차도록 공기를 불어넣고 풍선 입구를 매듭지어 묶어요. 풍선에 공기를 지나치게 많이 넣지 않는 게 중요해요.
2. 이제 풍선 매듭 근처를 나무 꼬챙이로 찔러, 꼬챙이가 반대편 꼭지점을 뚫고 빠져나오게 해보세요. 꼬챙이가 풍선을 완전히 관통했는데도 풍선이 터지지 않는다면 성공이에요!
3. 꼬챙이를 살살 빼면 어떻게 될까요? 풍선의 바람이 빠지기 시작할 거예요.

어떤 원리일까요?

풍선은 '중합체'라고 불리는 분자들로 이루어져 있어요. 긴 가닥으로 이루어진 중합체는 탄성이 높아서 풍선이 늘어나고 부풀 수 있게 해 준답니다. 그럼 풍선 전체에서 가장 덜 늘어나는 부분은 어디일까요? 바로 풍선의 꼭대기와 매듭 부분이에요. 그래서 이 지점을 뾰족한 나무 꼬챙이로 찌르면, 분자들이 꼬챙이 주위로 움직이면서 공기가 빠져나가지 못하게 막아 버리죠. 그렇다면 분자들이 이미 잔뜩 늘어나 있는 지점, 즉 풍선의 중간 부분을 꼬챙이로 찌르면 어떻게 될까요? 이 지점에서는 분자들이 꼬챙이가 공간을 차지할 수 있도록 자리를 양보하며 늘어나는 게 불가능해요. 그러니 풍선이 터질 수밖에 없죠!

응용 실험

새로운 풍선 겉부분에 검은색 매직으로 점을 가득 찍어 보세요. 아까처럼 공기를 풍선의 $\frac{3}{4}$ 이 차도록 채우고 매듭지어 묶어요. 매직으로 찍은 점 중 일부는 크기가 크고 일부는 크기가 작을 거예요. 이 중 크기가 작은 점이 바로 풍선에 가해지는 압력이 가장 적은 지점이랍니다. 이런 곳은 나무 꼬챙이로 찔러도 풍선이 쉽게 터지지 않고 견딜 수 있어요. 하지만 비교적 압력이 큰 지점, 즉 큰 점을 찌르고 싶다면, 꼬챙이가 들어가고 나올 지점에 미리 테이프를 붙여야 해요. 테이프가 중합체를 고정시켜 풍선이 터지지 않게 해줄 거거든요.

47. 뛰어오르는 종이

이번 실험에서는 정전기의 힘을 활용해 종이가 스스로 공중으로 뛰어오르도록 할 거예요.

준비물

- 습자지(비슷한 얇은 종이라면 뭐든 괜찮아요.)
- 가위
- 라텍스 풍선

이렇게 해 보세요!

1. 가장 먼저 습자지를 여러 가지 모양으로 오려요. 동그라미, 네모, 세모같이 평범한 모양도 좋고, 꽃, 번개, 동물 모양도 좋아요.
2. 풍선을 불고 매듭지어 묶어요.
3. 풍선을 머리에 대고 30초간 문질러 준 뒤, 미리 오려 둔 종이 근처로 가져가요(풍선으로 종이를 직접 건드리지 않도록 주의하세요.). 종이가 뛰어올라 풍선에 달라붙지 않나요? 한 번 풍선에 달라붙은 종이는 얼마나 오랫동안 그 상태를 유지할 수 있을까요?

어떤 원리일까요?

머리에 풍선을 문지르면 '정전기'가 발생해요. 그렇다면 정전기는 어떤 원리로 발생하는 걸까요? 원래는 전기적으로 중성인 상태에 있는 풍선을 머리에 문지르면, 머리에 있던 전자의 일부가 풍선으로 옮겨지면서 풍선 표면이 음전하를 띠게 되죠. 이 풍선을 종이 근처로 가지고 가면 어떻게 될까요? 풍선의 음전하가 종이의 양전하를 끌어당겨 종이가 뛰어오르듯이 달라붙게 될 거예요!

응용 실험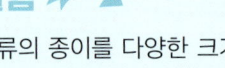

다양한 종류의 종이를 다양한 크기로 오려 실험해 보세요. 습자지로 한 실험과 비교해 보면 어떤 차이가 있나요? 머리카락이나 양모로 만든 옷에 풍선을 더 오래 문질러서 실험해 보는 것도 좋아요. 과연 풍선을 오래 문지른 만큼 종이도 오랫동안 풍선에 붙어 있을까요?

48. 풍선 속 동전

이번 실험에서는 풍선 안에 넣은 10원짜리 동전이 빙글빙글 돌아가도록 만들어 볼 거예요. 구심력을 활용하면 가능하답니다!

준비물

- 10원짜리 동전 한 개
- 라텍스 풍선(가능하면 하얀색이나 투명한 색 풍선이 좋아요.)

이렇게 해 보세요!

1. 먼저 10원짜리 동전을 풍선 안에 집어넣어요.
2. 풍선의 $\frac{3}{4}$을 공기로 채우고 매듭지어 묶어요.
3. 매듭을 손에 쥔 채로 풍선을 공중에서 돌려 보면 10원짜리 동전이 처음에는 마구잡이로 움직이다가 머지않아 풍선 가장자리를 따라 둥근 궤적을 그리며 움직일 거예요.
4. 풍선을 돌리는 것을 멈춰 보세요. 동전이 천천히 풍선 바닥으로 떨어지면서, 회전 운동을 멈출 거예요.
5. 이때 다시 풍선을 돌리면 앞서 본 것과 같은 장면이 반복된답니다. 동전이 풍선 안에서 빙글빙글 돌 때 어떤 소리가 나는지 주의 깊게 들어 보세요.

어떤 원리일까요?

풍선이 원형이기 때문에 그 안에 든 10원짜리 동전도 원형으로 움직일 수밖에 없어요. 일단 동전이 움직일 수 있도록 힘을 가하면 동전은 곧바로 둥근 궤적을 따라 움직이게 되죠. 이처럼 동전이 원운동을 하게 만드는 힘이 바로 '구심력'이랍니다. 지구가 태양 주변을 빙글빙글 도는 것도 태양의 중력으로 생긴 구심력 때문이에요.

응용 실험

다른 크기의 동전과 풍선을 사용할 경우, 동전이 회전하는 시간과 회전할 때 나는 소리가 첫 실험과 달라지는지 알아보세요. 육각너트처럼 매끈하지 않은 물체를 동전 대신 넣어서 실험해 보는 것도 좋아요.

49. 빙글빙글 연필

이번 실험에서는 물병 위에서 연필이 스스로 빙글빙글 회전하게 만들어 볼 거예요.

준비물

- 연필
- 뚜껑이 있는 플라스틱 물병(물을 가득 채워서 준비하세요.)
- 라텍스 풍선

이렇게 해 보세요!

1. 물병 뚜껑 위에 연필을 가로로 놓아요.
2. 풍선에 공기를 불어넣어 단단히 매듭지어 주세요.
3. 풍선을 머리에 대고 마구 문지르다가 연필 끄트머리에 가까이 가져가요(풍선으로 연필을 직접 건드리지 않도록 주의하세요.). 연필이 풍선을 향해 저절로 움직이면 실험 성공이에요!

어떤 원리일까요?

풍선을 머리에 대고 문지르면 머리카락에 있던 전자의 일부가 풍선으로 옮겨가면서 풍선이 음전하를 띠게 돼요. 그렇다면 풍선을 연필 근처에 가져갈 경우 연필이 풍선 쪽으로 끌려오는 것은 어째서일까요? 바로 연필이 약간의 양전하를 갖고 있기 때문이에요. 양전하와 음전하는 서로 끌어당기는 특성이 있기 때문에, 연필의 양전하가 풍선의 음전하에 이끌리듯 움직이는 거랍니다.

응용 실험

풍선 대신 머리빗 등 다양한 물건으로 실험해 보세요. 실험 결과가 달라지나요? 풍선을 머리에 대고 이전보다 오래 문지르면 어떻게 될까요? 연필이 아까보다 더 빠르게 회전할까요?

제2장 고체 실험 93

50. 우유 플라스틱

평범한 우유에 딱 한 가지 재료를 더하는 것만으로도 플라스틱을 만들 수 있다는 사실! 이번 실험을 통해 직접 확인해 봐요.

어른의 도움이 필요해요

준비물

- 우유 두 잔(약 500mL)
- 냄비
- 식초 약간(찻숟가락 두 스푼 반 정도)
- 그릇
- 숟가락
- 키친타월
- 액상 식용 색소(선택사항)
- 쿠키틀(선택사항)

이렇게 해 보세요!

1. 어른의 도움을 받아 냄비에 우유를 끓여요. 우유에서 김이 올라오기 시작할 즈음 불을 끄면 돼요.
2. 준비한 그릇에 식초와 뜨겁게 데운 우유를 순서대로 넣어요. 숟가락으로 잘 젓다 보면 하얀 덩어리가 생겨날 거예요.
3. 계속 젓다가, 그릇의 내용물이 살짝 식으면 식탁이나 조리대에 키친타월을 서너 겹 겹쳐서 깔고 숟가락으로 냄비 속 하얀 덩어리를 건져내 키친타월 위에 올려놓아요.
4. 키친타월 가장자리를 덩어리 위로 살짝 포개 습기를 제거해 주세요. 이 단계에서 덩어리에 액상 식용 색소 몇 방울을 뿌리고 손가락으로 섞어 주면 다양한 색깔의 플라스틱을 만들 수 있어요. 쿠키틀을 사용하거나 손으로 직접 주물러서 다양한 모양을 만들 수도 있고요. 한 번 만든 덩어리는 이후로도 한 시간 정도 주물러서 모양을 바꿀 수 있어요.
5. 원하는 모양을 만들었다면 이틀 정도 건조시켜 완성해요.

어떤 원리일까요?

뜨거운 우유와 산성을 띠는 식초가 만나면, 우유 속 카세인 분자가 긴 띠 모양으로 변해요. 그 결과물이 바로 이번 실험에서 만든 하얀 덩어리, 즉 '카세인 플라스틱'이죠. 카세인 플라스틱은 '응유'라고도 불리는데, 1900년대 초반에는 단추, 장식품, 붓 등 다양한 물건의 재료로 쓰였답니다.

응용 실험

플라스틱을 만드는 과정에 반짝이 같은 장식을 더하면 더더욱 예쁜 플라스틱 작품을 만들 수 있어요!

제2장 고체 실험

51. 둥실둥실 그림

이번 실험에서는 마커펜으로 그린 그림이 물 위로 두둥실 떠오르게 만들 거예요.

준비물

- 화이트보드용 마커펜(가능하면 새것으로 준비하세요.)
- 넓적한 유리 그릇
- 따뜻한 물

이렇게 해 보세요!

1. 준비한 유리 그릇에 마커펜으로 단순한 형태의 그림을 그려요. 사람, 꽃, 하트 등 모양은 무엇이든 상관없지만, 가능하면 처음부터 끝까지 마커펜을 그릇에서 떼지 않고 그림을 그리는 게 실험에 효과적이에요.
2. 잉크가 충분히 마르면 그 위로 따뜻한 물을 살살 부어 주세요. 그림이 수면 위로 두둥실 떠올라 둥둥 떠다니면 실험 성공!
3. 입으로 바람을 살살 불어, 떠오른 그림을 이리저리 움직여 보세요.

어떤 원리일까요?

화이트보드용 마커펜에 쓰이는 잉크는 알코올과 '실리콘 오일'이라는 이형제를 섞어 만든 것이에요. 마커펜으로 글을 쓰거나 그림을 그리면 알코올이 증발하며 이형제만 남는데, 물은 이형제인 실리콘 오일을 밀어내는 성질을 갖고 있죠. 실리콘 오일은 물보다 밀도가 낮기 때문에, 물이 밀어낸 그림은 수면으로 두둥실 떠오르게 된답니다.

응용 실험

물에 떠 있는 그림 위로 손을 담갔다 빼서 그대로 말리면 피부에 판박이 스티커처럼 무늬가 남아요! 또, 마커펜으로 길고 구불구불한 선을 그려 물 위로 떠오르게 한 다음 손가락으로 건져 보면 선 전체가 고스란히 딸려오는 걸 볼 수 있어요.

52. 깨끗해지는 동전

10원짜리 동전을 여러 개 준비한 후, 자세히 살펴보세요. 반짝반짝 깨끗한 동전이 있는가 하면, 윤기가 없고 시커먼 동전도 있을 거예요. 이번 실험에서는 이렇게 윤기 없는 동전을 새것처럼 깨끗하게 만드는 방법을 알아봐요!

준비물

- 윤기 없는 10원짜리 동전 여러 개
- 작은 그릇
- 식초
- 소금
- 물 약간(찻숟가락 한 스푼 정도)
- 키친타월

이렇게 해 보세요!

1. 준비한 10원짜리 동전을 그릇 안에 넣어요. 실험이 끝나고 깨끗해진 동전과 비교할 수 있도록 더러운 동전 한 개는 그릇에 넣지 않고 따로 보관해 두세요.
2. 그릇 안의 동전이 완전히 잠길 만큼 식초를 충분히 붓고, 그 위로 소금을 약간 뿌려요.
3. 마지막으로 물을 붓고 소금이 녹을 때까지 저어요. 윤기 없던 동전이 금세 환해지는 게 보일 거예요.
4. 5분 정도 기다렸다가 동전을 흐르는 물에 씻어내고 키친타월로 닦아 주세요. 윤기 없던 동전이 새것처럼 깨끗해졌다면 실험 성공이에요!

어떤 원리일까요?

10원짜리 동전은 시간이 흐를수록 산화되어 윤기를 잃고 지저분하게 변해요. 이번 실험에서는 식초와 소금을 섞어 약한 염산 용액을 만들었는데, 이런 용액은 실제로도 구리 따위의 금속을 세척하는 데 쓰인답니다.

응용 실험

케첩, 핫소스, 레몬즙, 우유, 주방용 세제 등 집에 있는 다양한 액체로 실험을 반복해 보세요. 식초와 소금의 조합만큼 효과적일까요?

제2장 고체 실험

53. 폭신폭신 슬라임

다들 슬라임을 양손 가득 쥐고 주물러 본 경험이 있을 거예요. 그런데 이번 실험에서 만들 슬라임은 그저 그런 슬라임과는 차원이 다르답니다. 훨씬 더 폭신폭신하거든요!

준비물

- 그릇
- 흰색 물풀 한 통(약 150 mL)
- 물 약간(약 30 mL)
- 베이킹소다 약간(찻숟가락 $\frac{1}{2}$ 스푼 정도)
- 숟가락
- 면도크림(젤이 아닌 폼 형태) 500 mL
- 액상 식용 색소(선택사항)
- 콘택트렌즈 용액(붕산이나 붕산 나트륨을 함유한 것) 15~30 mL
- 오일 또는 로션(선택사항)

이렇게 해 보세요!

❶ 먼저 그릇에 물풀, 물, 베이킹소다를 넣고 숟가락으로 섞어요.

❷ 그다음, 면도크림을 넣고 다시 섞어요. 다양한 색깔의 슬라임을 만들고 싶다면 이 단계에서 액상 식용 색소 몇 방울을 넣으면 돼요.

❸ 이제 그릇에 콘택트렌즈 용액 15 mL를 넣고 다시 저어요. 내용물이 점점 슬라임 같은 촉감으로 변할 거예요!

❹ 계속 저으면서 남은 콘택트렌즈 용액을 넣어 주세요. 슬라임이 그릇 가장자리에서 분리되기 시작하면 손으로 반죽하듯 주물러요. 확실히 슬라임 모양이 되려면 몇 분은 끈질기게 주물러야 한답니다. 손에 슬라임이 달라붙는 게 싫다면, 오일이나 로션을 바르고 반죽하면 돼요. 슬라임이 끈적이지 않을 때까지 콘택트렌즈 용액을 조금씩 더해 주세요. 너무 많이 넣으면 슬라임이 쭉쭉 늘어나지 않을 수도 있으니 조심조심 더하는 것이 포인트예요.

❺ 이렇게 슬라임이 완성되었다면 이제 가지고 놀 차례겠죠? 한 번 만든 슬라임은 밀폐용기에 보관하면 일주일 정도 가지고 놀 수 있어요. 다만 하루쯤 지나면 면도크림이 굳으면서 폭신폭신한 감촉은 사라지고 평범한 슬라임에 가까워져요. 슬라임이 옷에 묻는다면 식초를 뿌려 문질러 주면 자국도 없이 말끔하게 지워질 거예요.

어떤 원리일까요?

슬라임은 '중합체'이자 '비뉴턴 유체'예요. 비뉴턴 유체는 일반적인 유체(액체와 기체)와는 완전히 다른 성질을 가지고 있어요. 압력을 가하면 굳어 버리지만, 내버려두면 도로 액체 상태로 돌아가는 성질이죠. 슬라임을 양손에 쥐고 단숨에 잡아당기면 찢어지지만 천천히 잡아당기면 엿가락처럼 길게 늘어나는 것도 슬라임이 비뉴턴 유체이기 때문이에요. 이번 실험에서 만든 슬라임이 평범한 슬라임보다 폭신폭신한 것은 면도크림 안에 있는 기포들 때문이고요.

응용 실험

완성된 슬라임에 빨대를 꽂고 숨을 불어넣으면 슬라임 거품을 만들 수 있어요.

54. 마법의 비뉴턴 유체

이번 실험에서는 여러분 손으로 직접 비뉴턴 유체를 만들어 볼 거예요. 비뉴턴 유체는 가만히 내버려두면 액체 상태로 있지만, 압력을 가하면 고체가 되는 무척 신기한 물질이에요. 하루 종일 가지고 놀아도 질리지 않을걸요?

준비물

- 그릇
- 옥수수 전분 한 컵(약 130 g)
- 물 반 컵(약 120 mL)
- 숟가락
- 액상 식용 색소(선택사항)

이렇게 해 보세요!

① 그릇에 옥수수 전분과 물을 넣고 숟가락으로 섞어요. 양은 여러분 마음대로 조절해도 되지만, 옥수수 전분과 물의 비율은 2:1이어야 한다는 점을 기억하세요.

② 내용물이 딱딱해지지 않도록 천천히 섞어 주세요. 액상 식용 색소가 있다면 이 단계에서 몇 방울 넣어 주면 된답니다.

③ 액체가 완성되면 한 줌 쥐고 손 안에서 살살 굴려 보세요. 공 모양 고체가 만들어지죠? 그걸 손바닥에 올려놓은 채 가만히 지켜보세요. 분명 고체가 되었던 것이 녹아내리듯 도로 액체로 돌아가 버릴 거예요!

어떤 원리일까요?

이번 실험에서는 일종의 '비뉴턴 유체'를 만들어 봤어요. 비뉴턴 유체는 가만히 내버려두면 액체 상태로 있지만, 압력을 가하면 점도가 달라지는 특징이 있죠. '점도'란, 유체가 흐름에 저항하는 정도를 가리켜요. 예를 들어, 물은 줄줄 잘 흐르기 때문에 점도가 낮다고 할 수 있어요. 반대로 걸쭉하고 흐르는 속도가 느린 시럽은 점도가 높다고 할 수 있고요. 이번 실험의 결과물은 어떤가요? 분명 액체였다가도 손 안에서 굴리면 고체가 되고, 또 손바닥에 올려둔 채로 내버려두면 도로 액체가 되는 걸 보면 물질의 점도가 급격하게 달라지죠?

응용 실험

완성된 액체에 물을 조금 더하면 페인트 대용으로 쓸 수 있어요. 어른에게 마음껏 더럽혀도 되는 야외 공간이 있는지 물어보세요.

55. 달걀 탱탱볼

탱탱볼처럼 튕겨도 깨지지 않는 달걀이 있다는 사실! 이번 실험에서 직접 만들어 볼 거예요.

준비물

- 날달걀 한 개
- 투명한 유리잔이나 유리병 한 개(달걀이 통째로 들어가는 크기로 준비하세요.)
- 식초
- 액상 식용 색소(선택사항)
- 작은 접시
- 유리로 만든 넓적한 접시

이렇게 해 보세요!

1. 준비한 날달걀을 유리잔 안에 조심조심 넣어요.
2. 유리잔 안에 식초를 달걀이 완전히 잠길 만큼 부어요. 다양한 색깔의 달걀 탱탱볼을 만들고 싶다면, 이 단계에서 액상 식용 색소 몇 방울을 넣어 주세요.
3. 작은 접시로 유리잔을 덮은 뒤 냉장고에 넣고 사흘간 기다려요.
4. 사흘이 지나면 달걀을 꺼내 흐르는 물로 조심스럽게 헹궈 주세요. 달걀의 겉껍질이 벗겨지면서 반투명한 막이 드러날 거예요(만약 색소를 넣었다면 색이 입혀져 있겠죠?). 바로 이 부드러운 막 덕택에 달걀을 손에 쥐고 살짝 힘을 줘도 깨지지 않는답니다.
5. 유리 접시를 조리대에 올려두고, 조리대에서 5cm 떨어진 허공에서 달걀 탱탱볼을 떨어뜨려 보세요. 달걀 탱탱볼이 이리저리 튕기고 구르면서도 깨지지 않는다면 실험 성공!
6. 달걀 탱탱볼이 망가지고 주변이 지저분해져도 괜찮다면, 조금씩 더 높은 곳에서 떨어뜨려 보세요. 얼마나 높은 곳에서 떨어뜨리면 이 탱탱볼이 깨질까요?

어떤 원리일까요?

식초에 달걀을 담그면 달걀 껍질과 식초가 화학 반응을 일으켜요. 달걀 껍질은 탄산칼슘으로 이루어져 있고, 식초는 산의 일종이에요. 그래서 식초의 산이 탄산칼슘을 분해하면서 달걀 껍질이 녹아 버리게 되죠. 또, 달걀에 식초를 부었을 때 달걀 껍질에 작은 기포가 생기는 경우도 있는데, 이 기포의 정체는 바로 이산화탄소랍니다.

응용 실험

소독용 알코올이나 탄산음료 등 다양한 산성 액체를 식초 대신 사용해 보세요. 실험 결과가 어떻게 달라질까요?

56. 아이스크림 사슬 폭발

이번 실험에서는 아이스크림 막대를 순서대로 이어서 사슬 모양을 만든 뒤 "펑!" 하고 폭발하게 만들어 볼 거예요. 위치 에너지와 운동 에너지를 활용하면 전혀 어렵지 않답니다.

준비물

- 15cm 길이의 공예용 원목 아이스크림 막대들(아래 참조 확인)

❖ 처음에는 두 가지 색의 막대들을 활용하는 게 좋아요. 실험에 익숙해지면 여러 색의 막대를 사용해 실험해 보세요.

이렇게 해 보세요!

1. 서로 다른 색의 막대를 하나씩 가져다 X자 모양으로 겹쳐 주세요. 이때 아래에 있는 막대를 1번, 위에 있는 막대를 2번이라고 부를게요.

2. 1번 막대와 같은 색의 막대를 하나 더 꺼내세요. 이 막대는 3번이라고 부를게요. 3번 막대의 끄트머리를 1번 막대 아래에 넣어 주세요. 3번 막대의 중간 부분이 2번 막대 위에, 머리 부분은 1번 막대 아래에 놓이게 하면 돼요.

3. 2번 막대와 같은 색의 막대를 하나 더 꺼내세요. 이 막대는 4번이라고 부를게요. 4번 막대를 3번 막대 위에 X자로 놓은 뒤, 끄트머리를 1번 막대의 빈 부분 아래쪽으로 넣어 주세요. 같은 색인 4번 막대와 2번 막대가 평행하게 놓인 모양이 되어야 해요.

4. 이제 3번 막대와 같은 색의 막대를 하나 더 꺼내요. 이 막대는 5번 막대라고 부를게요. 5번 막대를 4번 막대 위에 X자로 놓고, 끄트머리를 2번 막대 아래에 넣어요. 같은 색인 5번 막대와 3번 막대가 평행하게 놓인 모양이 되어야 해요.

5. 남은 막대로 이와 같은 과정을 반복해 사슬을 만들어요. 새 막대를 더할 때마다 손으로 막대들을 꾹 누르지 않으면 사슬이 제멋대로 폭발할 수도 있으니 주의하세요.

6. 이렇게 사슬이 다 완성되면 막대를 붙잡고 있던 손을 놓아 보세요. 사슬이 폭발하며 막대가 사방팔방으로 날아갈 거예요.

7. 사슬이 바로 폭발하는 게 싫다면, 마지막 막대 끄트머리를 비어 있는 같은 색 막대 아래로 집어넣으면 된답니다. 이렇게 하면 마지막 막대의 양끝이 다른 막대에 눌리게 되고, 여러분이 직접 마지막 막대를 빼낼 때까지 사슬이 폭발하지 않을 거예요.

어떤 원리일까요?

'위치 에너지'란, 물체에 저장된 에너지를 말해요. 아이스크림 막대를 위아래로 겹쳐 엮은 사슬은 길어지면 길어질수록 더 많은 위치 에너지를 저장하게 돼요. 막대는 제각기 원래 상태로 돌아가려는 성질이 있기 때문에, 살짝 구부리는 것만으로도 위치 에너지가 생겨나죠. 마지막 막대를 놓는 순간, 지금까지 쌓인 위치 에너지가 '운동 에너지'로 바뀌면서 막대 사슬이 펑! 폭발하게 된답니다.

응용 실험

두 가지 색의 막대로 사슬을 만드는 법을 익혔다면, 다양한 색의 막대를 섞어서 색색깔의 막대 폭발을 연출해 보세요.

57. 떠다니는 비닐 고리

이번 실험에서는 비닐로 만든 고리가 공중에 두둥실 떠오르게 만들어 볼 거예요. 풍선만 있으면 충분히 가능하답니다.

준비물

- 얇은 비닐봉투
- 가위
- 풍선
- 수건이나 스웨터

이렇게 해 보세요!

1. 준비한 비닐봉투를 식탁이나 책상에 펼친 뒤, 중간 부분을 잘라서 굵기 2.5cm의 고리를 만들어요.
2. 그다음 풍선을 불고 단단히 매듭지어 묶은 후, 수건에 대고 30초간 문질러 주세요.
3. 비닐 고리에 수건을 대고 문질러 준 후, 풍선에서 15~30cm 정도 떨어진 허공에 비닐 고리를 가져다 대면 어떻게 될까요? 비닐 고리가 풍선 위로 두둥실 떠오를 거예요!

어떤 원리일까요?

비닐 고리가 공중으로 떠오르는 것은 '정전기' 때문이에요. 수건에 풍선과 비닐 고리를 각각 문지르면 두 물체는 음전하를 띠게 돼요. 그래서 같은 전하를 띤 풍선과 비닐 고리가 서로를 밀어내면서, 마치 비닐 고리가 풍선 위로 떠오르는 듯한 모습이 되는 거죠. 반대로 각각 다른 전하를 띤 물체는 서로 끌어당기는 성질이 있어요. 예를 들어, 풍선을 머리에 문지르면 머리카락이 풍선에 달라붙죠? 이는 풍선은 음전하, 머리카락은 양전하를 띠기 때문에 일어나는 현상이에요.

응용 실험

집에 있는 가벼운 물체(깃털)를 비닐 고리 대신 사용해 실험을 반복해 보세요.

제2장 고체 실험

58. 달걀 다이빙

손을 대지 않고 달걀이 물잔 안으로 쏙 들어가게 만들 수 있을까요? 이번 실험을 통해 그 방법을 알아봐요!

준비물

- 투명한 물잔
- 물
- 플라스틱이나 금속 접시
- 두루마리 휴지나 키친타월을 다 쓰고 남은 심
- 날달걀 한 개

이렇게 해 보세요!

1. 물잔의 $\frac{3}{4}$을 물로 채워요.
2. 접시를 물잔 위에 올리고, 그 위에는 휴지심을 똑바로 세운 상태로 놓아요.
3. 마지막으로 달걀을 휴지심 위에 올리면 실험 준비 끝! 만약 달걀이 휴지심 속으로 쏙 들어가 버린다면, 더 큰 달걀이나 작은 휴지심을 준비하세요.
4. 이제 편한 손(오른손잡이라면 오른손, 왼손잡이라면 왼손)으로 접시 가장자리를 쳐서 접시가 가로로 날아가게 해보세요. 휴지심을 쓰러뜨릴 만큼 충분히 힘을 줘서 쳐내야 해요. 달걀 없이 미리 연습한 뒤 익숙해지면 달걀을 가지고 실험하는 것도 좋아요. 달걀이 수직으로 떨어져 물에 쏙 들어가면 실험 성공이에요!

어떤 원리일까요?

뉴턴의 운동 법칙 중 하나인 '관성의 법칙'에 따르면, 움직이는 물체는 계속해서 움직이고, 정지한 물체는 계속해서 정지한 상태로 있으려는 경향이 있어요. 이번 실험에서 접시를 손으로 쳐낼 때 달걀은 함께 움직이지 않고 제자리에 정지한 상태로 머물러 있는 것도 그 때문이죠. 그렇다면 달걀을 지탱하던 휴지심이 사라졌을 때 달걀이 물잔으로 떨어지는 것은 무엇 때문일까요? 맞아요. 중력이 그 원인이랍니다.

응용 실험

달걀 대신 오렌지나 탁구공을 이용해 실험해 보세요. 다양한 크기의 물잔이나 접시를 활용해 보는 것도 좋아요. 이렇게 도구가 달라지면 실험 방법은 어떻게 달라져야 할까요?

59. 감자 꼬챙이 오뚝이

이번 실험에서는 나무 꼬챙이 위에서 감자가 중심을 잡고 서도록 만들 거예요. 빙글빙글 돌아가는 신기한 장식품을 손쉽게 만들 수 있답니다.

준비물

- 나무 꼬챙이 여러 개(한 개는 반으로 부러뜨려서 준비하세요.)
- 작은 감자 한 개
- 생수병 한 개(뚜껑을 따지 않고 물이 가득 찬 상태 그대로 준비하세요.)
- 포도알이나 당근 조각 여러 개

이렇게 해 보세요!

1. 먼저 반으로 부러뜨린 나무 꼬챙이에 감자를 꿰어요. 꼬챙이의 뾰족한 부분이 감자 밖으로 튀어나오도록 완전히 관통시켜야 해요.
2. 꼬챙이의 뾰족한 부분을 생수병 뚜껑 위에 세워 감자가 중심을 잡도록 해보세요. 몇 번을 시도해도 균형이 무너진다고요? 사실 그게 당연해요. 감자가 균형을 잡으려면 다른 방법이 필요하거든요.
3. 이번에는 새로운 나무 꼬챙이 두 개를 가져다 감자 양쪽에 꿰어 주세요. 꼬챙이 사이에 일정한 간격을 두고, 각각 감자의 아래쪽으로 튀어나오는 모양으로 꽂아요.
4. 마지막으로 꼬챙이의 뾰족한 부분에 포도알이나 당근 조각을 꿰어 주세요.
5. 이제 완성된 조형물을 아까처럼 생수병 뚜껑 위에 세워 보세요. 잘 안 된다면 새로운 나무 꼬챙이와 포도알, 당근 조각을 더하며 감자가 생수병 뚜껑 위에서 중심을 잡게 해볼 수도 있어요. 또는 꼬챙이의 위치를 조절해 보는 것도 좋아요. 손을 대지 않아도 감자가 생수병 뚜껑 위에 중심을 잡고 서게 만들 수 있으면 실험 성공이에요! 완성된 조형물은 제자리에서 팽이처럼 빙글빙글 돌아가게 만들 수도 있답니다.

응용 실험

포도알이나 당근 조각 말고도 다양한 과일 조각이나 물체를 나무 꼬챙이에 꿰어 보세요.

어떤 원리일까요?

'무게중심'이란 물체 전체의 하중이 집중되는 점을 가리키는데, 무게중심에 맞춰 균형을 잡으면 물체가 이리저리 기울지 않아요. 이번 실험을 떠올려 보세요. 감자에 나무 꼬챙이를 하나 꿰면, 무게중심은 감자 중간쯤에 위치하게 돼요. 그래서 감자가 중심을 잡고 서게 만드는 게 어려웠던 거예요. 이때 감자에 꼬챙이를 계속 더하면, 무게중심이 감자 아래쪽 어딘가로 옮겨가게 되죠. 그래서 이전보다 훨씬 수월하게 감자와 꼬챙이가 중심을 잡고 우뚝 서게 만들 수 있었던 거예요.

60. 가만히 있는 컵

혹시 식탁에 놓인 그릇은 건드리지 않고 그릇 밑에 깔린 식탁보만 단숨에 빼내는 묘기를 본 적이 있나요? 이번 실험에서는 냅킨과 컵을 사용해 비슷한 묘기를 부려 볼 거예요.

준비물

- 냅킨이나 키친타월
- 플라스틱 컵
- 물(선택사항)

이렇게 해 보세요!

① 식탁이나 조리대에 냅킨을 올려놓아요. 냅킨의 절반은 식탁 위에 있고, 나머지 절반은 식탁 밖으로 빠져나오게 놓으면 돼요.

② 플라스틱 컵을 식탁과 맞닿은 냅킨 쪽에 올려두세요. 자신이 있다면 컵에 물을 채워서 실험해도 좋아요.

③ 준비가 됐으면, 식탁 밖으로 빠져나온 냅킨을 손으로 잡고 재빠르게 당겨 보세요. 충분히 강한 힘으로 당기면 컵은 제자리에 둔 채로 냅킨만 쏙 빼낼 수 있어요. 만약 컵이 넘어진다면, 더 빠르고 강한 동작으로 다시 시도해 보세요.

어떤 원리일까요?

냅킨을 빼내도 플라스틱 컵이 움직이지 않는 것은, 뉴턴의 운동 법칙 중 하나인 '관성의 법칙' 때문이에요. 관성의 법칙에 따르면 움직이는 물체는 계속해서 움직이고 정지한 물체는 계속해서 정지한 상태로 있으려는 경향이 있어요. 이번 실험에서 본 것처럼, 정지 상태의 컵은 따로 힘이 가해지지 않는 이상 계속 정지 상태에 머무르려고 하죠. 컵 밑에 깔린 냅킨을 잡아당기는 것만으로는 컵을 움직이거나 넘어뜨릴 만한 힘이나 마찰이 생기지 않아요. 그러니 컵이 가만히 있는 게 당연하겠죠?

응용 실험

컵 대신 작은 그릇이나 접시로 실험을 반복해 보세요. 냅킨 대신에 기다란 실리콘 냄비 받침을 이용해 보는 것도 좋아요. 받침이 달라지면 실험 결과도 달라질까요?

61. 포크를 만난 얼음

압력을 가하는 것만으로도 얼음을 녹일 수 있다는 사실! 이번 실험을 통해 그 원리를 알아볼 거예요.

준비물

- 정사각형 얼음 두 조각
- 종이 접시 두 개
- 금속 포크 한 개

이렇게 해 보세요!

① 준비한 얼음을 각각 종이 접시에 올려놓아요. 두 접시 다 같은 공간에 둬야 온도 등의 실험 조건을 동일하게 유지할 수 있어요.

② 한쪽 얼음의 윗부분을 3분 동안 포크로 꾹 눌러 압력을 가해 주세요. 포크의 홈이 얼음 윗부분에 가로로 뉘인 모양으로 누르면 돼요. 이때 손으로 얼음을 건드리지 않도록 주의하세요. 압력을 가하다 보면 얼음이 깨지는 소리가 들릴 수도 있어요.

③ 3분이 지나면 포크를 치우고 두 얼음의 상태를 비교해 보세요. 포크로 누른 쪽 얼음은 녹기 시작했는데, 건드리지 않은 얼음은 녹지 않았죠? 첫 번째 얼음 위에 포크 홈 자국이 남은 것도 확인할 수 있을 거예요.

어떤 원리일까요?

포크로 얼음에 압력을 가하면 열에너지가 생겨나면서 얼음 윗부분이 녹기 시작해요. 포크와 직접 닿아 있던 부분에 자국이 생기는 것도, 얼음에 가해진 압력과 거기에서 생겨난 열 때문이랍니다.

제 3 장

기체 실험

이전 장에서 고체 입자는 서로 가까이 모여 있고, 액체 입자는 비교적 멀리 떨어져 있다고 배운 것, 기억하나요? 그런데 제3장에서 다룰 '기체' 입자는 고체나 액체 입자보다 서로 훨씬 더 멀리 떨어져 있답니다.

우리는 어딜 가나 기체에 둘러싸여 있어요. 우리가 숨을 들이쉴 때 마시는 산소는 물론이고, 숨을 내쉴 때 내보내는 이산화탄소 역시 기체예요. 또, 탄산음료 속에 녹아 있는 이산화탄소와 풍선을 공중에 띄우는 데 쓰이는 헬륨도 기체의 일종이고요. 이처럼 기체는 언제나 우리와 함께하는 친구라는 사실!

제3장에서는 공기의 압력, 즉 '기압'에 관해 배워 볼 거예요. 또, 다양한 실험을 통해 눈에 보이지 않는 기체의 존재를 확인해 볼 거예요. 준비됐나요?

62. 연기나는 비눗방울

가끔 택배 상자에 들어 있는 드라이아이스를 실험 도구로 쓸 수 있다는 사실! 이번 실험에서는 드라이아이스를 사용해 연기가 든 비눗방울을 만들어 볼 거예요. 단, 드라이아이스는 손으로 만지면 위험하니 어린이 여러분이 직접 다루지 말고 꼭 어른의 도움을 받도록 하세요.

어른의 도움이 필요해요

준비물

- 투명한 꽃병
- 따뜻한 물
- 주방용 세제
- 집게
- 드라이아이스(어른이 다뤄야 해요. 절대로 드라이아이스를 여러분의 손으로 건드리지 마세요. 동상을 입을 수도 있어요!)

이렇게 해 보세요!

1. 준비한 꽃병의 $\frac{2}{3}$를 따뜻한 물로 채운 뒤 주방용 세제를 조금 넣어요. 이다음 과정부터는 어른의 도움을 받는 게 좋아요.
2. 집게로 드라이아이스 한 조각을 집어 꽃병에 톡 떨어뜨려요. 연기와 비눗방울이 생겨날 거예요.
3. 이제 손안에 비눗방울을 담아서 터뜨려 보세요. 안에서 연기가 뭉게뭉게 흘러나올 거예요.
4. 비눗방울이 다 떨어지면 꽃병에 드라이아이스 한 조각을 더 넣어 보세요. 아까처럼 연기와 비눗방울이 뭉게뭉게 생겨날 거예요!

어떤 원리일까요?

드라이아이스는 무척 차가운 물질이에요. 이산화탄소가 섭씨 -78.5℃에서 얼면 드라이아이스가 되죠. 이 때문에 드라이아이스는 보통 냉각제(다른 물질을 차갑게 유지해 주는 물질)로 사용되기도 하는데요, 이렇게 차가운 특성 탓에 함부로 손으로 건드렸다가는 동상을 입기 쉽답니다. 드라이아이스가 독특한 점은 이뿐만이 아니에요. 고체 드라이아이스는 녹으면 곧바로 기체가 되어 증발하기 때문에, 일반 얼음이 녹을 때처럼 물이 생기지 않아요. 이번 실험을 떠올려 보세요. 드라이아이스가 빠른 속도로 따뜻해지면서 이산화탄소와 수증기로 이루어진 연기가 생겼는데, 이번 실험에서는 여기에 주방용 세제를 더했기 때문에 연기가 내부에 갇힌 듯한 비눗방울이 만들어진 거예요. 비눗방울이 터지면 연기가 밖으로 흘러나오게 되는 거고요.

63. 젖지 않는 종이

이번 실험에서는 종이를 적시지 않고 물에 푹 담그는 방법을 알아볼 거예요. 전혀 어렵지 않아요. 공기의 성질을 활용한다면 말이죠!

준비물

- 크고 투명한 꽃병
- 물
- 종이나 키친타월
- 작고 투명한 물잔

이렇게 해 보세요!

1. 먼저 꽃병의 절반을 물로 채워요.
2. 준비한 종이를 구겨서 물잔 안으로 쏙 넣어 주세요. 물잔을 거꾸로 뒤집어도 종이가 빠져나오지 않게 만들어야 해요.
3. 준비가 됐다면 물잔을 거꾸로 뒤집은 상태로 꽃병에 담가요. 물잔 속 종이가 수면 아래에 위치할 때까지 푹 담가 줘야 해요.
4. 이제 물잔을 도로 꺼내서 안에 든 종이를 살펴보세요. 종이가 전혀 젖지 않았을 거예요!

어떤 원리일까요?

꽃병에 거꾸로 뒤집어 넣은 물잔 안에는 공기가 가득 들어 있어요. 물이 물잔 안으로 밀려 들어오지 못하는 것도 바로 이 공기 때문이에요. 우리 눈에 보이지는 않지만, 공기도 공간을 차지하는 데다, 당연히 물보다 가벼워요. 그래서 달리 갈 수 있는 곳이 없는 공기가 물잔 안에 머무르면서 종이가 젖지 않도록 보호하는 역할을 하는 거랍니다.

응용 실험

물잔을 꽃병에 담근 상태로 살짝 기울여 보세요. 안에 든 공기가 빠져나오나요? 그렇다면 종이는 어떻게 될까요?

제3장 기체 실험 119

64. 물을 만난 풍선

뜨거운 공기와 차가운 공기는 부피가 다르다는 사실, 알고 있나요? 간단한 실험을 통해 공기 분자가 뜨거울 때와 차가울 때의 부피 차이를 확인해 봐요!

어른의 도움이 필요해요

준비물

- 매우 뜨거운 물
- 큰 유리 접시 두 개
- 얼음물
- 풍선
- 빈 2L 페트병 한 개

이렇게 해 보세요!

① 어른에게 부탁해 뜨거운 물을 두 유리 접시 중 한쪽에 접시의 절반이 차도록 따르요. 나머지 유리 접시는 절반을 얼음물로 채워 주세요.

② 이제 빈 2L짜리 페트병 주둥이에 풍선을 끼우면 실험 준비는 끝!

③ 먼저 뜨거운 물에 페트병을 담가 보세요. 풍선이 부풀어오를 거예요.

④ 다음으로는 페트병을 얼음물로 옮겨 보세요. 풍선이 도로 쪼그라들 거예요. 여러 번 반복해 봐도 좋아요. 결과는 계속 같을 테니까요!

어떤 원리일까요?

공기가 따뜻해지면 공기 분자는 여기저기로 활발하게 움직여요. 즉 공기가 따뜻해지기 전보다 공간을 많이 차지하게 되죠. 뜨거운 물에 페트병을 담갔을 때 풍선이 부풀어 오르는 건 바로 이 원리에서랍니다. 그러면 반대로 페트병을 차가운 물에 담그면 어떻게 될까요? 공기 분자가 가까이 모여들면서 이전보다 적은 공간을 차지하게 되고, 결과적으로 풍선이 쪼그라들게 돼요.

응용 실험

길쭉한 병 두 개를 준비해서 각각 뜨거운 물과 차가운 물로 채워요. 차가운 물에는 파란 식용 색소 몇 방울을, 뜨거운 물에는 빨간 식용 색소 몇 방울을 넣어 보세요. 물과 먼저 섞이는 건 어느 색소일까요? 미리 결과를 예측한 뒤 실험을 통해 답을 알아보세요.

65. 곧게 펴지는 종이

새나 비행기는 어떤 원리로 하늘을 나는 걸까요? 이번 실험에서는 새와 비행기가 하늘을 나는 원리를 이용해 종이를 공중에 띄워 볼 거예요. 공기만 있으면 가능해요!

준비물

- 길쭉하게 자른 직사각형 종이나 지폐 한 장

이렇게 해 보세요!

1. 준비한 직사각형 종이에서 변의 길이가 짧은 쪽을 양손으로 잡아요. 이쪽을 입 근처로 가져가면 직사각형 종이가 마치 긴 혓바닥처럼 축 늘어질 거예요.
2. 그 상태에서 종이의 위쪽을 향해 숨을 불어 보세요. 분 공기가 전부 종이의 위쪽을 지나가도록 방향을 잡아 불어야 해요. 종이가 떠오르며 똑바로 펴진다면 실험 성공이에요!

어떤 원리일까요?

종이 위쪽을 향해 숨을 불면 그 부분의 '기압'이 낮아져요. 그러면 종이 아래쪽은 반대로 기압이 상승해 종이를 공중으로 떠오르게 만들죠. 이것은 과학자들이 '베르누이 법칙'이라고 부르는 현상 때문에 일어나는 일이랍니다. 베르누이 법칙에 따르면, 물체의 표면 위로 공기가 흐르는 속도가 빠르면 빠를수록 표면을 누르는 힘은 약해져요. 즉 기압이 낮아지는 거죠. 새와 비행기가 하늘을 날 수 있는 것도 바로 이 원리 때문이랍니다. 새와 비행기의 날개는 곡면을 이루는데, 공기가 그 위를 빠르게 흐르면서 날개 위쪽의 기압이 날개 아래쪽 공기의 기압보다 낮아져요. 그래서 새와 비행기가 공중으로 뜰 수 있는 거죠.

응용 실험

베르누이 법칙을 보여 주는 실험을 하나 더 소개할게요. 헤어드라이어를 입구가 공중을 향하게 든 채로 전원을 켜고, 입구에서 나오는 기류(공기의 흐름)에 탁구공을 띄워 보세요. 탁구공이 밖으로 튕겨나가지 않고 기류 안에 머물러 있을 거예요. 이는 헤어드라이어가 뿜어내는 기류 안쪽의 기압이 바깥쪽 기압보다 낮기 때문에 벌어지는 현상이랍니다.

66. 일회용 케첩 다이빙

물병 속에 든 일회용 케첩이 스스로 위아래로 움직이게 만들 수 있을까요? 이번 실험을 통해 알아봐요!

준비물

- 일회용 케첩(패스트푸드점에서 쉽게 구할 수 있어요.)
- 그릇
- 물
- 뚜껑이 있는 투명한 1L 페트병

이렇게 해 보세요!

1. 실험을 시작하기에 앞서 그릇에 물을 담고 일회용 케첩을 띄워 보세요. 만일 케첩이 가라앉는다면 다른 일회용 케첩을 찾아야 해요.
2. 물에 뜨는 케첩이 준비가 됐다면 물을 가득 채운 페트병 속에 넣어요. 물이 페트병 주둥이 위로 찰랑댈 만큼 가득 채워야 해요.
3. 이제 페트병 뚜껑을 단단히 닫은 뒤, 페트병 몸통을 꽉 쥐어 보세요. 떠 있던 케첩이 페트병 바닥으로 가라앉을 거예요.
4. 이번에는 페트병을 쥔 손을 놓아 보세요. 케첩이 언제 가라앉았냐는 듯 두둥실 떠오를 거예요!

어떤 원리일까요?

일회용 케첩 안에는 작은 기포가 들어 있어요. 그래서 물에 넣으면 위로 떠오르게 되죠. 페트병을 손으로 꽉 쥐면 이 기포가 응축되면서(기체는 액체보다 쉽게 응축되는 성질이 있어요.) 크기가 작아지고, 이에 일회용 케첩 전체의 밀도가 물의 밀도보다 높아지면서 페트병 바닥으로 가라앉게 되고요. 그러면 페트병을 쥔 손을 놓으면 어떻게 될까요? 기포가 팽창하여 밀도가 다시 낮아지고, 결과적으로 케첩이 물 위로 떠오르게 되겠죠?

응용 실험

페트병을 쥐는 힘을 잘 조절해 케첩을 페트병 중간에 머무르게 해 보세요.

제3장 기체 실험

67. 튀어나오는 종이

동그랗게 뭉친 종이를 빨대로 후후 불어 페트병 안에 넣을 수 있을까요? 생각처럼 쉽지 않을 거예요.

준비물

- 빈 1L 페트병 한 개
- 페트병 주둥이에 들어갈 크기로 뭉친 종이
- 빨대

이렇게 해 보세요!

1. 식탁이나 조리대에 페트병을 가로로 눕힌 뒤, 뭉친 종이를 페트병 주둥이 안쪽에 걸치듯 놓아요.
2. 빨대로 페트병 주둥이를 똑바로 겨냥해 숨을 불어넣어요. 종이가 조금씩 움직이는 모습이 보일 거예요. 그러다 보면 종이가 페트병 안으로 쏙 들어갈 것 같죠? 실제로는… 페트병 주둥이 밖으로 튀어나온답니다!

어떤 원리일까요?

우리 눈으로 보기에는 페트병이 비어 있는 것 같지만, 실제로는 내부에 공기가 가득 차 있어요. 그런 페트병을 향해 빨대로 공기를 불어넣으면 어떻게 될까요? 페트병 안에는 더 들어갈 자리가 없기 때문에 공기 대부분은 페트병 바깥쪽을 향해 움직여요. 이에 페트병 바깥에 기압이 낮은 부분이 생기고, 페트병 주둥이에 걸쳐진 종이가 튀어나오게 되죠.

68. 마법의 페트병 구멍

이번 실험에서는 기압과 표면장력의 힘을 이용해 주변 사람들을 깜짝 놀라게 할 장난감을 만들어 볼 거예요.

준비물

- 뚜껑이 달린 투명한 1L 페트병(빈 것으로 준비하세요.)
- 물
- 유성 매직
- 코르크보드용 압정

이렇게 해 보세요!

① 페트병을 물로 가득 채운 뒤 뚜껑을 단단히 닫아요. 만약 페트병에 라벨지가 붙어 있다면 미리 제거해서 투명한 부분이 드러나게 해 주세요.

② 물로 채운 페트병에 매직으로 "뚜껑을 열지 마세요."라고 써요.

③ 페트병 바닥으로부터 2.5~5cm 떨어진 지점에 압정으로 구멍을 뚫어요. 페트병을 빙글빙글 돌려가면서 방금 뚫은 구멍과 비슷한 높이에 추가로 여덟 개~열 개의 구멍을 더 뚫어 주세요. 이렇게 구멍을 많이 뚫어도 물은 겨우 한두 방울 흐르는 게 전부일 거예요.

④ 완성된 페트병은 친구나 가족 눈에 띌 만한 곳에 놓아요. 누군가 호기심을 이기지 못하고 페트병 뚜껑을 열면… 기다렸다는 듯 페트병 아래쪽에 뚫어 놓은 구멍에서 물줄기가 줄줄 흘러나올 거예요! 페트병을 집어 들 때는 몇 방울 정도만 흐르는 물이 페트병 뚜껑을 연 다음에야 본격적으로 뿜어져 나오는 모습이 신기하지 않나요?

어떤 원리일까요?

왜 페트병에 뚫은 구멍에서는 즉시 물이 흘러나오지 않는 걸까요? 물이 구멍을 통해 나오려면 페트병 안에서 물을 밀어내는 기압이 있어야 하는데, 뚜껑이 닫힌 상태에서는 그런 기압이 없기 때문이에요. 또, 표면장력의 영향도 있어요. 물 분자들이 똘똘 뭉쳐 페트병에 난 구멍 위로 일종의 막을 형성하는 까닭에 구멍 밖으로 물이 새지 않는 거죠. 하지만 누군가가 페트병의 뚜껑을 열면 어떻게 될까요? 공기가 밀어낸 물이 구멍 밖으로 마구 뿜어져 나오겠죠?

69. 지퍼백 대폭발

이번 실험에서는 베이킹소다와 식초의 화학 반응을 응용해 지퍼백이 "펑!" 터지도록 해볼게요.

준비물

- 식초 반 컵(약 120 mL)
- 식빵이 들어가는 크기의 지퍼백
- 베이킹소다 한 큰술
- 키친타월 한 장을 $\frac{1}{4}$ 크기로 자른 것

이렇게 해 보세요!

1. 주변이 지저분해질 수밖에 없는 실험이니, 야외에서 하는 걸 추천할게요.
2. 먼저 지퍼백에 식초를 넣고 잘 닫아요.
3. 키친타월 중간에 베이킹소다를 올려놓고, 키친타월 모서리를 접어 베이킹소다를 덮어 주세요.
4. 식초가 든 지퍼백 속에 키친타월을 넣은 뒤 빠르게 다시 닫아 주세요.
5. 이제 지퍼백을 땅에 내려놓고 식초와 베이킹소다가 섞이는 모습을 관찰하면 돼요. 공기가 들어차면서 지퍼백이 점점 빵빵하게 부푸는 게 보이나요? 기다리다 보면 어느 순간 지퍼백이 "펑!" 폭발할 거예요.

어떤 원리일까요?

식초와 베이킹소다를 섞으면 이 물질들이 서로 화학 반응을 일으켜 이산화탄소를 만들어 내기 시작해요. 이산화탄소의 부피가 커질수록 지퍼백도 더욱 빵빵하게 부풀어오르죠. 끝내 "펑!" 하고 터질 때까지 말이에요.

응용 실험

식초에 액상 식용 색소를 넣어 보세요. 식초와 베이킹소다의 양을 조절해서 실험을 반복하는 것도 좋아요. 폭발하는 데 걸리는 시간이 달라질까요?

70. 홈메이드 소화기

베이킹소다와 식초를 활용하면 집에서도 소화기를 만들 수 있답니다. 불을 다루는 실험이니 어른의 도움을 받도록 하세요.

준비물

- 베이킹소다 두 큰술
- 투명한 유리잔이나 유리병
- 식초
- 양초
- 성냥 또는 라이터(사용 시 어른의 도움을 받으세요.)

이렇게 해 보세요!

1. 준비한 유리잔에 베이킹소다를 넣고, 유리잔의 절반이 찰 때까지 식초를 넣어요. 내용물이 부글대는 모습이 보일 거예요.
2. 이제 어른의 도움을 받아 양초에 불을 붙여요.
3. 유리잔 내용물이 어느 정도 가라앉으면, 양초 위로 유리잔을 살짝 기울여 보세요. 유리잔 속 공기를 불꽃에 붓는다는 느낌으로 기울이면 돼요. 불꽃이 꺼지면 실험 성공이에요!

어떤 원리일까요?

소화기는 화학 물질과 이산화탄소를 사용해서 불을 꺼요. 이번 실험에서 베이킹소다와 식초를 섞은 것도 바로 이산화탄소를 만들기 위해서였어요. 이산화탄소는 산소보다 무겁기 때문에, 양초 위에 가져가면 불꽃 주위의 산소를 밀어내죠. 우리 눈에는 이산화탄소가 보이지 않기 때문에, 이산화탄소가 든 병을 기울여도 아무 일도 일어나지 않는 것처럼 보여요. 하지만 이번 실험에서처럼 불을 이용하면 이산화탄소의 존재를 두 눈으로 확인할 수 있답니다. 양초의 불이 계속 타오르기 위해서는 산소가 필요한데, 이산화탄소가 산소를 밀어내면 불이 꺼질 수밖에 없기 때문이에요.

응용 실험

어른의 도움을 받아 양초 여러 개에 불을 붙인 뒤 아까와 같은 방식으로 꺼 보세요. 불을 전부 끌 수 있을까요?

71. 콜라 화산

이 책에 담긴 가장 재미있는 실험 중 하나를 할 차례가 왔어요! 용암이 하늘 높이 솟구쳐 오르는 화산 폭발의 순간을 연출할 거랍니다. 콜라와 캔디의 일종인 '멘토스'만 가지고 말이죠!

준비물

- 2L 제로콜라 페트병 두 개(아래 참조 확인)
- 종이
- 테이프
- 인덱스 카드나 빳빳한 종이
- 멘토스 한 줄(약 38g)

❖ 제로콜라는 일반 콜라보다 덜 끈적여서 실험하기 좋아요. 하지만 탄산음료라면 뭐든 사용할 수 있어요.

이렇게 해 보세요!

① 주변이 지저분해지는 실험이니, 더러워져도 상관없는 탁 트인 야외 공간에서 실험하는 걸 추천할게요.
② 콜라 페트병을 뚜껑을 연 상태로 바닥에 놓아요. 여기가 바로 콜라 화산이 폭발할 장소예요.
③ 종이를 둥글게 말아 멘토스와 같은 크기의 지름을 가진 길쭉한 원통을 만들고 테이프로 고정해요.
④ 인덱스 카드로 원통의 한쪽을 막고 다른 쪽으로 멘토스 일곱 알~열 알을 넣어요.
⑤ 이제 인덱스 카드를 콜라 페트병 주둥이 위에 고정해요. 멘토스가 담긴 원통이 페트병 주둥이 바로 위에 위치하는 게 중요해요.
⑥ 준비가 됐다면, 빠른 동작으로 인덱스 카드를 빼내 원통 안의 멘토스가 콜라병 안으로 와르르 쏟아지게 만들어 보세요. 순식간에 콜라 화산이 폭발할 거예요. 콜라를 잔뜩 뒤집어쓰지 않도록 얼른 도망가는 걸 잊지 마세요!

어떤 원리일까요?

탄산음료에는 이산화탄소 기포가 많이 들어 있어요. 탄산음료가 든 컵에 다른 물체를 넣으면 어떻게 될까요? 잘 살펴보면, 탄산음료의 기포가 물체에 달라붙는 모습을 확인할 수 있어요. 이번 실험에서 멘토스를 콜라에 넣을 때 발생하는 현상도 다를 게 없어요. 단 한 가지, 멘토스는 표면이 작은 구멍으로 뒤덮여 있다는 점이 차이점이죠. 구멍이 많다는 것은 이산화탄소 기포가 달라붙을 곳이 많다는 뜻이기도 하거든요. 그래서 멘토스를 탄산음료에 넣으면 이산화탄소 기포가 잔뜩 달라붙은 멘토스가 아래로 가라앉게 되고, 이 과정에서 다시 어마어마하게 많은 기포가 발생해요. 이렇게 만들어진 이산화탄소 기포들에 의해 액체, 즉 탄산음료가 밀려나면서 마치 화산 폭발 같은 장면이 펼쳐지는 거죠.

응용 실험

콜라 페트병 안에 들어가는 멘토스 양을 다르게 해 실험을 반복해 보세요. 또는 콜라가 아닌 다른 탄산음료를 사용해 어떤 화산이 가장 크게 폭발하는지 비교해 보는 것도 좋아요. 따뜻한 탄산음료나 차가운 탄산음료를 사용하면 어떨까요? 실험 결과가 달라질까요?

72. 찌그러지는 캔

캔을 찌그러뜨리는 방법은 여러 가지예요. 이번 실험에서는 갑작스러운 온도 변화를 이용해 캔이 안쪽에서부터 우그러지게 만들어 볼 거예요. 가스레인지나 전기레인지를 사용하는 실험이니, 어른의 도움을 받아 진행하는 걸 잊지 마세요.

어른의 도움이 필요해요

준비물

- 작은 그릇
- 차가운 물
- 얼음
- 빈 콜라캔
- 냄비
- 집게

이렇게 해 보세요!

1. 준비한 그릇에 차가운 물과 얼음 몇 조각을 넣어요. 물이 매우 차가운 상태여야 해요.
2. 빈 콜라캔에 물을 한두 큰술 정도 넣어서 캔 바닥에 고이게 해요.
3. 이제 냄비에 콜라캔을 넣고 가스레인지나 전자레인지에 올린 뒤, 어른의 도움을 받아 불을 켜요. 곧 콜라캔 안의 물이 끓는 소리가 들릴 거예요. 1분간 더 그 상태로 내버려두세요.
4. 1분이 지나면 어른의 도움을 받아 불을 끄고 집게로 콜라캔을 꺼내요.
5. 아까 준비한 얼음물 그릇 위에 콜라캔을 가져간 뒤, 거꾸로 뒤집은 상태로 얼음물 안에 푹 담가요. 콜라캔이 찬물과 닿는 순간 우그러지면 실험 성공이에요!

어떤 원리일까요?

콜라캔에 든 물이 끓으면 수증기가 되어 콜라캔 안의 공기를 밀어내요. 하지만 캔을 불에서 꺼내 찬물에 담그면 수증기가 다시 물로 변하죠. 이때, 콜라캔을 뒤집어 물에 담가 둔 상태이기 때문에 수증기가 있던 자리에 새로운 공기가 들어올 수 없어요. 그러니 콜라캔 안쪽에서 밀어내는 공기가 없어, 외부의 압력을 이겨내지 못한 캔이 찌그러지는 거랍니다.

어른의 도움이 필요해요

73. 레몬 화산

레몬을 이용해 화산이 끓어오르는 모양을 연출할 수 있다는 사실! 이번 실험에서는 산성인 레몬과 염기성인 베이킹소다를 이용해 레몬 화산을 만들어 볼 거예요.

준비물

- 레몬 두 개 이상
- 칼(사용 시 어른의 도움을 받으세요.)
- 넓적한 유리 그릇(베이킹용 팬 등)
- 액상 식용 색소
- 주방용 세제
- 베이킹소다
- 공예용 원목 막대나 포크

이렇게 해 보세요!

① 어른의 도움을 받아 칼로 레몬의 양 끄트머리를 잘라 그릇 안에 똑바로 놓을 수 있게 만들어요.

② 레몬을 반으로 자른 뒤, 레몬 중간 부분이 위쪽을 향하도록 그릇에 놓아요.

③ 원하는 색의 식용 색소를 레몬 위에 몇 방울 뿌린 뒤, 주방용 세제와 베이킹소다도 조금씩 뿌려 주세요. 화산이 폭발하게 하려면 원목 막대나 포크로 레몬 조각을 각각 몇 번 찔러 주면 돼요. 레몬이 부글대며 거품을 만들어 내면 실험 성공이에요!

어떤 원리일까요?

레몬즙은 구연산이 들어 있어 산성을 띠는 물질이고 베이킹소다는 염기성을 띠는 물질이에요. 이 두 물질이 만나면 화학 반응이 일어나면서 이산화탄소와 구연산나트륨이 생겨나죠. 레몬이 마치 화산처럼 부글부글 거품을 만들어 내는 건 이런 원리 때문이에요.

응용 실험

라임이나 오렌지 같은 감귤류 과일로 실험을 반복해 보세요. 레몬을 쓸 때와 결과가 다를까요?

74. 알루미늄 호일 배

분명 각각의 짐은 물에 가라앉는 물건일 텐데, 그걸 잔뜩 실은 배는 대체 어떻게 물에 뜨는 걸까요? 이번 실험에서는 중력과 부력이 무엇인지, 서로 어떤 관계가 있어서 배가 물에 뜰 수 있는지 알아볼 거예요.

준비물

- 높이가 15cm 이상인 통 또는 욕조
- 물
- 알루미늄 호일을 폭 25cm, 높이 30cm로 자른 것
- 동전 40~50개

이렇게 해 보세요!

1. 준비한 통에 물을 15cm 높이까지 채워요.
2. 알루미늄 호일을 배 모양으로 접어요. 물에 뜨기만 하면 모양이나 크기는 상관없어요.
3. 이제 완성된 배가 물에 뜨는지 확인해 보세요.
4. 물에 뜨는 게 확인되면 동전을 하나씩 더해요. 여러분이 만든 배는 동전을 몇 개까지 실을 수 있을까요? 배가 물속으로 가라앉을 때까지 동전을 더해 보세요. 어느 배가 동전을 더 많이 실을 수 있을지 친구와 내기해 보는 것도 좋아요(둘 다 같은 종류의 동전을 사용해야 공평해요.).

어떤 원리일까요?

배가 물에 뜨는 것은 배를 아래로 밀어내는 중력의 힘이 물이 배를 위로 밀어내는 힘, 즉 '부력'보다 약하기 때문이에요. 부력은 잠긴 물체(이번 실험에서는 배가 되겠죠.)에 의해 대체된 물의 양을 기준으로 계산한답니다. 돌 같은 고체는 물을 대체하지 않기 때문에 바닥으로 가라앉지만, 커다란 배는 많은 양의 물을 대체하기 때문에 둥둥 떠다닐 수 있는 거예요.

응용 실험

처음과 다른 모양의 배를 만들어 실험을 반복해 보세요. 아까보다 동전을 더 많이 실을 수 있을까요? 크기가 크고 측면 길이가 짧은 배와 크기가 작고 측면 길이가 긴 배 중 어느 쪽이 더 많은 동전을 실어나를 수 있을까요?

75. 사라지는 조개껍데기

조개껍데기는 무척 튼튼해요. 오랜 시간 바다를 여행해도 멀쩡할 정도로 말이죠. 그런데 그런 조개껍데기를 식초에 담그는 것만으로도 녹일 수 있다는 사실! 이번 실험으로 확인해 봐요.

준비물

- 식초
- 투명한 유리병
- 조개껍데기(아래 참조 확인)

❖ 너무 크거나 두꺼운 조개껍데기를 사용하면 녹이는 데 시간이 오래 걸릴 수도 있어요.

이렇게 해 보세요!

1. 투명한 유리병에 조개껍데기를 넣고, 조개껍데기가 완전히 잠길 만큼 식초를 부어요. 조개껍데기에 식초가 닿자마자 곧바로 거품이 생기기 시작할 거예요.
2. 하루가 지난 뒤 병을 다시 확인해 보세요. 조개껍데기에 어떤 변화가 생겼나요? 조개껍데기가 병 안에 그대로 있다면, 부어 둔 식초를 버리고 새로 채워 넣은 뒤 하루를 더 기다려 보세요. 조개껍데기가 병 안에서 사라지면 실험 성공이에요!

어떤 원리일까요?

조개껍데기가 감쪽같이 사라지는 게 신기하다고요? 사실 조개껍데기는 사라진 것이 아니에요. 다만 식초에 용해되어 사라진 것처럼 보인 거예요. 조개껍데기는 염기성 물질인 탄산칼슘으로 이루어져 있어요. 탄산칼슘은 산성인 식초와 반응하면 이산화탄소를 만들어 내죠. 이게 바로 조개껍데기 주위에 생기는 기포의 정체랍니다.

응용 실험

두께와 색깔이 다른 조개껍데기 여러 개를 사용해 실험을 반복해 보세요. 조개껍데기가 사라지는 데 얼마나 오랜 시간이 걸리나요?

제3장 기체 실험 137

76. 솟아오르는 물

이번 실험에서는 기압의 힘을 이용해 물을 움직여 볼 거예요.

어른의 도움이 필요해요

준비물

- 물 반 컵(약 120 mL)
- 큰 접시
- 액상 식용 색소
- 숟가락
- 양초
- 성냥 또는 라이터(사용 시 어른의 도움을 받으세요.)
- 투명한 유리병이나 실험용 비커

이렇게 해 보세요!

1. 큰 접시에 물을 부은 뒤 액상 식용 색소를 몇 방울 떨어뜨려요. 그리고 식용 색소가 고르게 퍼지도록 숟가락으로 잘 섞어요.
2. 접시 중앙에 양초를 세우고 어른의 도움을 받아 불을 붙여요.
3. 이제 유리병을 양초를 덮듯이 씌운 뒤, 어떤 일이 일어나는지 관찰해 보세요. 불이 잠깐 동안 타오르다가 산소가 떨어지면 저절로 꺼질 거예요. 그러면서 물이 병 위쪽으로 솟아오르면 실험 성공이에요!

어떤 원리일까요?

언뜻 보기에는 산소가 부족해지며 물이 솟아오르는 것 같지만, 사실 물이 움직이는 건 온도 때문에 발생하는 현상에 가까워요. 양초에 불이 붙으면 병 속 공기가 데워지고, 데워진 공기 분자는 활발하게 움직여 이전보다 더 많은 공간을 차지해요. 병 바닥에 기포가 생기는 게 보일 거예요. 그리고 불이 꺼지면 공기가 빠르게 차가워지며 수축하는데, 차가운 공기 분자는 따뜻한 공기 분자보다 덜 활발하게 움직이기 때문에 공간을 덜 차지해요. 차가운 공기가 수축하면 병 속 기압이 병 바깥의 기압보다 낮아지고, 그 결과 병 바깥 공기가 물을 병 안으로 밀어넣게 되죠. 병 안팎의 공기가 같아질 때까지 말이에요.

제 4 장

빛, 색, 소리 실험

제4장에서는 빛, 색, 소리를 탐구하는 실험을 해볼 거예요. 원색과 간색, 대칭, 음파, 자외선 등에 대해 배우면서, 동시에 멋진 예술 작품도 만들어 볼 수 있답니다. 다들 준비됐나요?

77. 실로 만드는 대칭 아트

축의 양쪽이 완전히 똑같은 모양을 '대칭'이라고 해요. 완벽하게 대칭인 그림을 그리는 건 쉬운 일이 아니에요. 그런데 이번 실험에서는 실을 활용해 대칭을 이루는 예술 작품을 만들어 볼 수 있답니다!

준비물

- 액상 식용 색소
- 작은 그릇 여러 개
- 30cm 길이로 자른 실(폴리에스테르사가 가장 좋지만, 다른 종류도 괜찮아요.)
- 숟가락(선택사항)
- 고무장갑(선택사항)
- 스케치북이나 흰 종이 여러 장

이렇게 해 보세요!

1. 작은 그릇마다 액상 식용 색소를 각각 넣어요. 색소에 물을 타면 그림이 흐릿해질 수 있으니 주의하세요.
2. 실을 완전히 색소에 담가요. 폴리에스테르사를 사용한다면 작은 숟가락으로 색소를 떠서 실에 묻혀야 할 수도 있어요. 폴리에스테르사는 계속 색소 표면에 떠 있으려는 성질이 있거든요. 반면 면사는 색소에 완전히 가라앉는 경향이 있고요.
3. 실을 색소 밖으로 건져냈을 때 색소가 많이 흘러내리면 검지와 엄지로 살짝 털어 주세요. 그다음, 실 끄트머리를 잡은 채로 깨끗한 스케치북에 올린 뒤 이리저리 움직여 다양한 모양을 그려 보세요(손에 쥔 실이 스케치북 바깥으로 살짝 빠져나와 있어야 나중에 실을 빼낼 수 있어요.).
4. 실이 종이에 놓인 상태로 스케치북을 덮거나, 그림을 그린 종이 위로 새 종이를 덮어 준 후, 마지막으로 실을 쥐지 않은 손바닥으로 종이를 누른 채 실을 빼내요.
5. 스케치북을 펼치면 양쪽 종이에 대칭을 이루는 그림이 그려져 있을 거예요. 다양한 식용 색소로 같은 과정을 반복해 아름다운 대칭 예술 작품을 만들어 보세요.

어떤 원리일까요?

여러분이 실을 이용해 그린 그림이 대칭을 이루는 까닭은 두 장의 그림이 서로의 거울상이기 때문이에요. 이처럼 자연에서도 나비, 꽃, 나뭇잎 등 대칭을 이루는 다양한 물체를 찾아볼 수 있어요. 완성된 작품을 나란히 놓아두고 비교하며 완벽하게 대칭이 아닌 부분을 찾아 보세요. 다른 점을 얼마나 발견할 수 있을까요?

응용 실험

다양한 굵기의 실과 다양한 종류의 물감이나 페인트를 사용해 작업해 보세요. 그림이 어떻게 달라질까요?

78. 물과 기름 그림

물과 기름은 서로 섞이지 않아요. 이번 실험에서는 바로 그 성질을 활용해 멋진 액체 미술품을 만들어 볼 거예요.

준비물

- 식물성 기름
- 납작한 접시
- 물
- 작은 그릇 네 개~다섯 개
- 액상 식용 색소
- 액체를 떨어트릴 수 있는 도구(피펫 등)

이렇게 해 보세요!

1. 식물성 기름을 그릇 바닥이 살짝 덮일 정도로 부어요.
2. 작은 그릇마다 각각 절반 정도 물을 채운 뒤, 다양한 색의 액상 식용 색소를 몇 방울씩 넣고 잘 섞어 주세요.
3. 완성된 물감을 피펫으로 빨아들여 기름 그릇에 방울방울 떨어뜨려 보세요. 기름 방울을 떨어뜨릴 때 피펫을 이리저리 움직이면 다양한 무늬와 모양을 만들어 낼 수 있어요. 물감 방울은 처음에는 서로 분리된 상태였다가, 물감을 더하면 더할수록 합쳐질 거예요. 완성작을 사진으로 남기는 걸 잊지 마세요!

어떤 원리일까요?

물과 기름은 왜 서로 섞이지 않는 걸까요? 물은 극성 분자로 이루어져 있고, 기름은 무극성 분자로 이루어져 있어요. 극성 분자(물 등)는 한쪽은 양전하를, 반대쪽은 음전하를 띤답니다. 물 분자들이 서로 이끌리는 것은 양전하를 띤 쪽과 음전하를 띤 쪽이 서로를 끌어당기기 때문이에요. 반면 무극성 분자(기름 등)는 전하가 고르게 분포되어 있고, 양쪽 다 양전하나 음전하를 띠지 않는다는 특성이 있죠. 극성 분자와 무극성 분자가 서로 섞이지 않는 것은 이처럼 서로를 끌어당기지 않기 때문이랍니다.

응용 실험

원색 식용 색소로 만든 물감을 떨어뜨린 뒤, 섞이면 간색이 되도록 해보세요.

79. 달걀 그림

달걀에 색을 칠해 본 적이 있을 거예요. 하지만 그것 말고도 달걀을 꾸미는 방법은 여러 가지가 있답니다. 이번 실험에서는 달걀을 도화지 삼아 여러분만의 미술 작품을 만들어 보세요!

준비물

- 껍질이 하얀색인 삶은 달걀 한 개(실온에서 준비)
- 크레용 한 개
- 따뜻한 물 한 컵(약 240 mL)
- 식초 한 큰술
- 액상 식용 색소
- 작은 컵 한 개

이렇게 해 보세요!

① 크레용으로 달걀에 그림을 그려요(실온에 놓아두거나 따뜻하게 데운 달걀을 쓰는 게 좋아요. 차가운 달걀에는 그림을 그리기가 어렵거든요.).
② 이제 달걀용 염료를 만들 차례예요. 물, 식초, 액상 식용 색소 열 방울~열다섯 방울을 컵에 넣고 섞어요.
③ 완성된 염료에 달걀을 넣고 7~10분 정도 기다려요.
④ 이윽고 달걀을 건져내면 달걀 전체에 색이 입혀진 모습을 확인할 수 있을 거예요. 크레용으로 그린 그림 부분만 제외하고 말이죠! 염료가 마를 때까지 달걀을 내버려두면 실험 성공이에요.

어떤 원리일까요?

크레용은 기름을 함유한 왁스를 재료로 만들어져요. 물과 기름은 서로 섞이지 않기 때문에, 달걀 껍질에서 크레용이 칠해진 부분은 달걀용 수성 염료를 흡수하지 않죠. 그렇다면 물과 기름이 섞이지 않는 이유는 뭘까요? 물은 극성 분자로 이루어져 있고, 기름은 무극성 분자로 이루어져 있어요. 물 분자는 한쪽은 양전하를, 반대쪽은 음전하를 띤답니다. 반면에 기름 분자는 전하가 고르게 분포되어 균형을 이루고 있어요. 이 때문에 기름 분자들은 같은 기름 분자만 끌어당기고, 물 분자들은 같은 물 분자만 끌어당기는 현상이 생기는 거죠.

응용 실험

흰색 크레용으로 달걀에 비밀 메시지를 써 보세요. 달걀에 색을 입히면 비로소 메시지가 드러날 거예요.

80. 젖은 그림과 마른 그림

이번 실험에서는 젖은 화폭(도화지나 캔버스처럼 그림의 바탕이 되는 표면을 말해요.)과 마른 화폭에서 물감이 각각 어떻게 퍼져 나가는지 확인해 볼 거예요. 식물이 영양분을 흡수하는 현상에 관해서도 배울 수 있는 기회이니 눈여겨보세요!

준비물

- 키친타월 두 장
- 물
- 납작한 금속 쟁반(베이킹용 팬 등)
- 밥숟가락
- 작은 그릇 네 개~다섯 개
- 액상 식용 색소
- 액체를 떨어뜨릴 수 있는 도구(피펫 등)

이렇게 해 보세요!

1. 준비한 키친타월 중 한 장을 물에 적셔요. 나머지 한 장은 그대로 마른 상태로 두세요.
2. 두 키친타월을 쟁반에 나란히 놓아요.
3. 작은 그릇에 각각 물을 한 숟가락씩 떠서 붓고, 그릇마다 각각 다른 색의 액상 식용 색소를 몇 방울 넣어 물감을 만들어 주세요.
4. 물감이 완성되면 피펫을 이용해 앞서 준비한 키친타월 두 장에 떨어뜨려요. 젖은 키친타월과 마른 키친타월 양쪽에 같은 그림을 그리면 물감이 퍼져 나가는 모습을 확실하게 비교할 수 있어요. 계속 물감을 떨어뜨리며 변화를 관찰해 보세요. 물감이 더 잘 섞이는 건 어느 쪽일까요?

어떤 원리일까요?

같은 물감이라도 젖은 키친타월에 떨어뜨렸을 때 훨씬 더 빨리 번져 나가는 걸 볼 수 있어요. 마른 키친타월에 떨어뜨린 물감은 조금 퍼져 나가다가 키친타월에 흡수되어 더는 번지지 않게 되죠. 식물의 뿌리도 비슷해요. 축축한 흙에 뿌리를 내린 식물은 마른 흙에 뿌리를 내린 식물보다 영양분을 더 쉽게 흡수할 수 있고, 그만큼 잘 자란답니다.

81. 마법 우유

이번 실험에서는 다양한 색깔의 색소가 우유 속에서 마법처럼 퍼지게 만드는 재미있는 활동을 통해 표면장력에 대해 알아볼 거예요.

준비물

- 납작한 접시
- 일반 우유(유지방 함량이 2%인 저지방 우유도 사용 가능해요.)
- 액상 식용 색소
- 주방용 세제
- 면봉이나 솜뭉치

이렇게 해 보세요!

1. 접시에 우유를 바닥으로부터 6mm 높이까지 부어 주세요. 만약 냉장고에서 막 꺼낸 차가운 우유를 사용할 거라면, 전자레인지에 넣고 30초 정도 데워 주는 게 좋아요.
2. 액상 식용 색소를 색깔별로 네 방울~여섯 방울씩 우유에 떨어뜨려요.
3. 이제 주방용 세제를 한 방울 묻힌 면봉으로 우유를 건드려 보세요. 색소가 소용돌이 모양을 그리며 움직일 거예요!

어떤 원리일까요?

우유는 거의 물로 이루어져 있지만, 단백질, 미네랄, 지방도 조금씩 갖고 있답니다. 물에 표면장력이 있듯, 우유에도 표면장력이 있죠. 하지만 우유에 주방용 세제를 넣으면 물 분자 사이의 결합이 깨어지면서 표면장력이 사라져요. 우유 속 지방은 우유의 변화에 민감하게 반응하기 때문에, 우유에 주방용 세제를 넣으면 지방 분자의 화학 결합에 변화가 발생해 사방으로 비틀고 휘어지며 움직이게 되죠. 우유에 넣은 색소가 소용돌이 모양을 그리며 퍼지는 것 역시 지방 분자의 화학 결합이 깨지며 발생하는 현상이에요. 그러다 주방용 세제와 지방 분자가 고르게 섞이는 때가 오면 색소의 움직임도 잦아들게 돼요.

응용 실험

상황에 맞춰 다양한 색을 조합해 보세요. 검은색, 파란색, 빨간색 색소를 사용하면 태극기 같은 느낌의 그림을 그릴 수 있고, 빨간색과 녹색을 사용하면 크리스마스 분위기를 낼 수 있겠죠? 색소와 주방용 세제를 넣기 전에 접시에 쿠키틀을 놓아두면 재미있는 모양을 만들 수도 있답니다. 유지방 함량이 적은 우유나 무지방 우유를 사용하면 실험 결과가 어떻게 달라지는지 확인해 보는 것도 좋아요. 마지막으로, 따뜻한 우유 대신 차가운 우유를 사용해 실험해 보세요. 색소의 움직임이 달라질까요?

82. 커피 여과지 크로마토그래피

검은색은 과연 몇 가지 색으로 이루어져 있을까요? 그야 당연히 검은색 한 가지 아니겠냐고요? 틀렸어요. 검은색은 사실 여러 가지 색소가 합쳐진 색이랍니다. 간단한 실험을 통해 어떤 색들이 모여 검은색을 만들어 내는지 알아볼까요?.

준비물

- 검은색 수성 사인펜
- 흰색 커피 여과지
- 작고 투명한 물잔
- 물

이렇게 해 보세요!

1. 검은색 사인펜으로 지름이 2.5cm 정도 되는 동그라미를 커피 여과지 중간에 그려요. 동그라미 안쪽도 사인펜으로 채우듯 색칠해 주세요.
2. 여과지를 반으로 접고, 다시 한 번 반으로 접어 삼각형을 만들어요.
3. 이제 물잔의 $\frac{3}{4}$ 을 물로 채울 차례예요. 세모로 접은 여과지의 검게 칠해진 부분을 아래로 향하게 든 채로 컵에 넣어요. 여과지 끄트머리만 물에 닿고, 윗부분은 닿지 않게 넣어야 해요. 여과지에 묻어 있던 사인펜 잉크가 여과지 위쪽으로 번지면서 다양한 색깔이 드러나기 시작할 거예요.
4. 여과지가 흠뻑 젖으면 병에서 꺼내 펼쳐 놓고, 다 마르면 살펴보세요. 중간 부분은 어떤 색일까요? 그리고 여과지의 가장자리까지 멀리 번져 나간 색은 어떤 색일까요?

어떤 원리일까요?

이번 실험에서 여러분이 한 것처럼 색소를 분리하는 작업을 '크로마토그래피'라고 해요. 검은색을 구성하는 다양한 색은 제각기 무게가 달라요. 가벼운 색소는 빠른 속도로, 무거운 색소는 느린 속도로 여과지를 타고 오르죠. 그래서 색소가 분리되는 모습을 눈으로 직접 관찰할 수 있는 거예요.

응용 실험

보라색이나 녹색 등의 진한 색 사인펜으로 실험을 반복해 보세요.

83. 물감의 영역

흐르는 물을 보면 언뜻 상상이 안 되겠지만, 물 분자들은 사실 서로 끈끈하게 달라붙는 성질이 있답니다. 이번 실험에서는 바로 이 성질을 이용해, 물감이 움직이는 범위를 제어할 수 있는 신기한 그림을 그려 볼 거예요.

준비물

- 숟가락
- 물
- 작은 그릇 네 개~다섯 개
- 액상 식용 색소
- 그림붓
- 종이 접시
- 액체를 떨어뜨릴 수 있는 도구(피펫 등)

이렇게 해 보세요!

1. 작은 그릇마다 물을 한 큰술씩 넣고 각각 다른 색의 액상 식용 색소를 몇 방울 떨어뜨려요. 원하는 색을 만들어서 사용해도 되지만, 원색(빨간색, 노란색, 파란색)이 잘 섞이기 때문에 작품을 만들기에 적합하답니다.
2. 준비가 됐으면 붓을 깨끗한 물에 담근 뒤 종이 접시 위에 원하는 그림을 그려 보세요. 처음에는 동그라미같이 단순한 모양을 그리는 게 좋아요.
3. 이제 붓으로 그린 그림 위로 아까 만든 물감을 피펫으로 떨어뜨리세요. 촉촉하게 젖은 부분에 물감이 떨어지도록 잘 조준해야 해요. 어떻게 되었나요? 물감이 붓으로 그려둔 모양 바깥으로 번지지 않죠? 계속해서 피펫을 이용해 다른 색깔의 물감도 떨어뜨려 보세요.
4. 원하는 색을 다 더했다면, 접시를 살짝 들어 앞뒤로 조심스럽게 기울여 볼 차례예요. 물감이 그림 안쪽에서만 움직이고 바깥으로는 빠져나오지 않을 걸 확인할 수 있을 거예요. 두 개 이상의 물감을 사용했다면, 색이 뒤섞이는 모습도 볼 수 있어요.

어떤 원리일까요?

왜 물감이 미리 물로 적셔둔 부분을 벗어나지 않는 걸까요? 물은 산소 원자 한 개와 수소 원자 두 개로 이루어져 있어요(H_2O). 이 원자들은 양전하와 음전하를 띠고 있어서 서로 달라붙는 성질이 있죠. 그래서 물은 '응집력'과 '접착력'을 둘 다 가지고 있어요. 물 분자들이 서로 달라붙게 하는 것은 응집력이에요. 반면에 물 분자들이 다른 물체에 달라붙게 하는 것은 접착력이죠. 물을 묻힌 붓으로 종이 접시에 그림을 그렸을 때, 물이 접시에 달라붙는 것은 접착력 때문이에요. 그렇다면 물로 그린 그림 위에 물감을 떨어뜨릴 때는 어떨까요? 응집력 때문에 물 분자들이 서로 달라붙으면서, 물감이 원래부터 물로 젖어 있던 부분을 벗어나지 못하게 되죠. 완성된 그림을 잘 관찰하면, 물감의 표면이 살짝 반구형으로 솟아 있는 게 보일 거예요. 이 또한 표면장력과 응집력 때문이랍니다. 물 분자가 계속 한데 모이려고 하기 때문에 발생하는 현상이에요.

응용 실험

이미 가득찬 유리잔에 피펫으로 물을 더 넣으면 어떻게 될까요? 물이 유리잔 밖으로 흘러넘치는 대신, 유리잔 위로 솟아오르는 것처럼 보이지는 않나요?

84. 보글보글 그림

염기성인 베이킹소다와 산성인 식초를 섞으면 부글부글 신기한 반응이 일어나요. 이번 실험에서는 여기에 색소를 더해 멋진 미술 작품을 만들어 볼 거예요.

준비물

- 베이킹용 팬 등의 넓적한 쟁반
- 베이킹소다
- 숟가락
- 식초
- 작은 그릇 네 개~다섯 개
- 액상 식용 색소
- 액체를 떨어뜨릴 수 있는 도구(피펫 등)

이렇게 해 보세요!

1. 쟁반에 베이킹소다를 부어요. 쟁반 바닥이 보이지 않을 만큼 충분히 부어야 해요.
2. 작은 그릇마다 식초 한 큰술과 각각 다른 색의 식용 색소를 몇 방울 넣어요. 원색인 빨간색, 노란색, 파란색 색소를 섞으면 다양한 색을 만들 수 있어요.
3. 이제 피펫을 이용해 베이킹소다에 식초 물감을 뿌려 보세요. 색색깔의 거품이 생겨나죠? 쟁반 전체가 화려한 색으로 뒤덮일 때까지 계속해서 물감을 더해 보세요. 완성된 작품은 사진으로 남기는 것을 잊지 말고요!

어떤 원리일까요?

베이킹소다와 색소를 섞으면 산·염기 반응을 통해 이산화탄소가 생겨나요. 이번 실험에서 관찰할 수 있는 거품의 정체도 이산화탄소예요. 원색인 빨간색, 노란색, 파란색을 섞으면 주황색, 녹색, 보라색 같은 간색을 만들 수 있답니다.

응용 실험

베이킹소다와 좋아하는 색의 물감을 섞어 쟁반에 그림을 그려 보세요. 거기에 피펫으로 색소를 떨어뜨리면 그림이 부글부글 끓어오를 거예요.

85. 병 속 불꽃놀이

밤하늘을 수놓는 멋진 불꽃놀이를 본 적 있나요? 이번 실험에서는 병 속에서 나만의 불꽃놀이가 펼쳐지게 만들어 볼 거예요. 폭죽을 쓰는 불꽃놀이는 아니지만, 물속에서 색소 덩어리가 일렁이는 모습은 진짜 불꽃놀이만큼 멋지답니다.

준비물

- 투명한 병
- 물
- 식물성 기름
- 납작한 접시
- 액상 식용 색소
- 포크

이렇게 해 보세요!

1. 준비한 병의 $\frac{3}{4}$을 물로 채우고, 접시에 바닥이 보이지 않을 만큼 충분한 양의 기름을 부어요.
2. 기름이 담긴 접시에 액상 식용 색소를 몇 방울씩 떨어뜨려요. 다양한 색을 섞으면 섞을수록 불꽃놀이도 더 멋있어진답니다.
3. 이제 포크로 기름 속 색소 덩어리를 살살 저어 풀어 주세요.
4. 기름 덩어리가 충분히 작아졌다면 물병에 부을 차례예요. 처음에는 기름과 색소가 물 위에 고이는 것처럼 보일 거예요. 하지만 몇 초만 기다리면 색소 방울이 물속으로 가라앉으며 색색깔의 길쭉한 궤적을 그릴 거랍니다. 마치 불꽃놀이처럼요!

어떤 원리일까요?

물과 기름은 서로 섞이지 않아요. 이번 실험에서 기름이 물 위에 뜨는 것은 물보다 가볍기 때문이죠. 식용 색소는 수성이기 때문에 기름이 담긴 접시에 떨어뜨려도 기름과 섞이지 않아요. 그래서 색소가 든 기름을 물에 부었을 때, 색소가 기름에서 빠져나와 물과 섞이면서 불꽃놀이처럼 아름다운 선을 그리는 거랍니다.

응용 실험

물의 온도를 다르게 하면 실험 결과가 어떻게 달라지는지 관찰해 보세요. 기름에 원색 색소를 넣은 뒤 물에 부으면 색이 서로 섞이는지 실험해 보는 것도 좋아요.

86. 색깔 혼합

실제로 색깔을 섞지 않고도 색깔끼리 섞이게 하는 방법이 있어요. 이번 실험을 통해 그 방법을 알아봐요!

준비물

- 크고 투명한 물잔 세 개
- 물
- 큰 물잔에 통째로 들어가는 작고 투명한 물잔 세 개
- 빨간색, 노란색, 파란색 액상 식용 색소
- 숟가락

이렇게 해 보세요!

1. 실험 결과를 잘 관찰할 수 있도록 조명이 밝은 방에서 실험을 진행하세요.
2. 먼저 큰 물잔은 각각 절반 정도, 작은 물잔은 $\frac{3}{4}$ 정도 물로 채워요.
3. 큰 물잔과 작은 물잔을 한 개씩 가져다, 빨간색 식용 색소를 한 방울씩 넣고 숟가락으로 저어요.
4. 이제 다른 큰 물잔 한 개와 작은 물잔 한 개에 각각 노란색 식용 색소를 한 방울씩 넣고 섞어 주세요.
5. 마지막으로 남은 큰 물잔과 작은 물잔 한 개에는 각각 파란색 식용 색소를 한 방울씩 넣고 섞어요.
6. 준비가 끝나면, 작은 물잔을 다른 색 큰 물잔 속에 넣어 보세요. 예를 들어, 작은 노란 물잔을 큰 빨간 물잔 속에 넣어 보는 거죠. 원래 노란색이었던 작은 물잔 속 액체가 이제 무슨 색을 띠나요? 주황색으로 보인다면 실험 성공이에요!
7. 마찬가지로 작은 파란 물잔을 큰 노란 물잔에 넣으면 어떻게 될까요? 원래 파란색이었던 액체가 녹색을 띨 거예요.
8. 마지막으로 작은 빨간 물잔을 큰 파란 물잔에 넣어 보세요. 작은 물잔 속 액체는 어떤 색을 띠나요? 바로 보라색이죠?

어떤 원리일까요?

'원색'인 빨간색, 노란색, 파란색은 서로 섞이면 '간색'인 주황색, 녹색, 보라색을 만들어 낸답니다.

응용 실험

청록색이나 복숭아색 같은 특이한 색을 만들려면 큰 물잔과 작은 물잔이 각각 어떤 색이어야 할까요? 또 갈색을 만들기 위해서는 어떤 색을 섞어야 할지 생각해 보세요.

제4장 빛, 색, 소리 실험

87. 우유로 만드는 석양

석양이 지는 모습을 본 적이 있나요? 빨간색, 노란색, 주황색 빛깔이 어우러져 아마 무척 아름다운 광경이었을 거예요. 이번 실험에서는 유리병 속에 나만의 석양을 담아 볼 거예요.

준비물

- 투명한 유리병이나 유리잔
- 물
- 유지방 함량이 2% 이상인 우유
- 손전등

이렇게 해 보세요!

1. 유리병의 $\frac{3}{4}$을 물로 채워요.
2. 우유를 작은 숟가락으로 떠서 유리병에 넣어요. 물이 불투명해질 때까지 조금씩 양을 늘려서 넣으면 돼요.
3. 어두컴컴한 방에 들어가서 병 옆쪽을 손전등으로 비춰요. 손전등이 여러분을 향한 상태로 비추면 돼요. 손전등 자체는 가려져 보이지 않지만, 유리병을 직선으로 통과해 쏘아지는 빛이 보일 거예요. 빛은 어떤 색인가요? 마치 석양처럼 노란색과 주황색 빛깔이 섞여 있지 않나요?

어떤 원리일까요?

언뜻 흰색으로 보이는 태양빛은 사실 다양한 색으로 이루어져 있어요. 해가 지기 시작하면, 햇빛은 대기 중에서 긴 거리를 이동해 우리 눈에 닿는답니다. 그러다 대기의 먼지나 기체에 부딪히면 빛은 여러 방향으로 흩어지는데, 색마다 흩어지는 형태가 달라요. 파장이 짧은 빛(파란색)은 산란(흩어진다는 뜻이에요.)이 잘 되지만, 파장이 긴 빛(빨간색과 주황색)은 산란이 덜 되는 특성이 있거든요. 이번 실험에서는 우유 속 지방과 단백질 분자가 광선을 산란하는 대기 입자의 역할을 해요. 그래서 유리병에 손전등을 비출 때 파란색 광선은 흩어지는 반면, 빨간색과 주황색 광선은 우유를 통과해 여러분의 눈에 도달할 수 있답니다.

응용 실험

손전등으로 유리병의 바닥을 비춰 보세요. 유리병 옆쪽에서 안을 들여다보면, 이전보다 빛이 푸르게 느껴질 거예요. 이는 짧은 파란색 파장이 유리병 옆쪽으로 흩어지며 여러분의 눈에 들어오기 때문이랍니다.

88. 거울로 만드는 무지개

문득 하늘을 올려다봤을 때 무지개가 떠 있으면 기분이 좋아지죠? 비가 온 뒤 태양이 잠깐 고개를 내밀 때면 하늘에 몇 분 정도 무지개가 생겨나곤 해요. 이번 실험에서는 집에 있는 물건을 활용해 나만의 무지개를 만들어 볼 거예요.

준비물

- 투명한 유리잔 한 개
- 물
- 작은 거울

이렇게 해 보세요!

1. 유리잔의 $\frac{3}{4}$을 물로 채워요.
2. 거울을 비스듬하게 세운 상태로 유리잔 안에 넣어요. 거울이 태양을 똑바로 향하게 만들어야 해요. 각도를 잘 조절하면 벽에 무지개가 생겨날 거예요. 한 번에 성공하지 못해도 괜찮아요. 무지개가 생길 때까지 계속 거울의 각도를 조절해 보세요.

어떤 원리일까요?

백색광, 즉 태양광은 사실 무지개를 구성하는 모든 색이 섞여서 만들어지는 거예요. 빛이 물을 통과할 때 이 색들이 흩어지며 제각기 다른 색으로 반사되죠. 무지개에 관한 신기한 사실 중 하나는, 진짜 무지개는 여러분이 태양을 등져야만 나타난다는 점이에요. 그리고 또 다른 재미있는 사실은, 빨간색은 파장이 가장 긴 색이기 때문에 색 중에 가장 적게 굴절(꺾인다는 의미예요.)된다는 점이죠. 무지개가 그리는 둥근 호의 가장 위칸이 빨간색인 건 바로 이런 이유 때문이랍니다. 반면에 보라색은 파장이 가장 짧은 색이기 때문에, 색 중 가장 크게 굴절돼요. 그래서 무지개의 가장 아래칸을 보라색이 차지하게 되죠.

응용 실험

거울을 넣은 유리잔을 벽에 가까이 두거나 멀리 두면 다양한 크기의 무지개를 만들 수 있어요.

89. 뒤섞이는 색깔 점토

점토는 우리의 촉감을 자극하는 재미있는 장난감이에요. 다양한 색의 점토를 섞으며 원색과 간색에 대해 알아봐요.

준비물

- 빨간색, 파란색, 노란색 점토(클레이)

이렇게 해 보세요!

1. 세 가지 색의 점토 중 두 가지를 고른 뒤, 조금씩 떼어내 함께 뭉쳐 주세요. 결과물은 어떤 색일까요? 두 색이 완전히 합쳐질 때까지 계속해서 주무르고 반죽해 보세요.
2. 새로운 색이 완성되었다면, 또 다른 두 가지 색 조합으로 실험을 반복해 보세요. 세 가지 색을 전부 섞으면 어떻게 될까요?

어떤 원리일까요?

색상환(여러 가지 색을 배열해 동그란 고리 모양으로 만든 그림)에는 원색도 있고 간색도 있어요. 빨간색, 노란색, 파란색은 '원색'이에요. 원색이 아닌 다른 색을 어떻게 섞어도 원색을 만들 수는 없죠. 반면 주황색, 녹색, 보라색은 '간색'이에요. 원색을 섞으면 간색을 만들 수 있죠. 예를 들어, 빨간색과 노란색을 섞으면 주황색이 돼요. 노란색과 파란색을 섞으면 녹색이 되고, 파란색과 빨간색을 섞으면 보라색이 되죠.

응용 실험

직접 만든 다양한 색의 점토로 무지개를 만들어 보세요. 또, 흰색이나 검은색 점토를 섞으면 분홍색처럼 연한 색이나 고동색처럼 진한 색도 만들 수 있답니다.

90. 사탕 무지개

달콤한 사탕 한 줌이면 집에서 무지개를 만들 수 있어요. 이번 실험에서는 여러분이 잘 아는 스키틀즈나 M&M 사탕을 이용해 무지개 모양의 예술 작품을 만들어 볼게요.

준비물

- 흰 접시
- 스키틀즈나 M&M
- 따뜻한 물 한 잔

이렇게 해 보세요!

1. 접시를 평평한 식탁이나 조리대에 놓아요.
2. 사탕을 무지개색 순서로 접시의 가장자리를 따라 놓아 주세요.
3. 이렇게 가장자리에 사탕을 줄줄이 놓아 원형 사탕 고리가 완성되면, 접시 중간에 따뜻한 물을 조심스럽게 부어요. 접시에 놓인 사탕이 전부 젖을 때까지 부어 주세요. 사탕에서 천천히 색소가 빠져나와 접시 중앙을 향해 흐를 거예요. 만약 색소가 접시 중앙이 아니라 한쪽으로 쏠린다면 식탁이나 조리대가 평평하지 않다는 뜻이니 접시 아랫부분에 다른 물건을 괴어 평평하게 만들어 보세요.

어떤 원리일까요?

스키틀즈와 M&M은 겉에 설탕과 색소를 입힌 사탕이에요. 이 사탕 위에 따뜻한 물을 부으면 껍데기가 녹기 시작하면서, 흘러나온 색소가 서로 섞이게 되죠.

응용 실험

똑같은 접시 두 개에 사탕을 똑같은 순서로 배열한 뒤, 한 접시에는 얼음물을 붓고 다른 접시에는 따뜻한 물을 부어 보세요. 결과물이 어떻게 달라질까요? 더 빨리 무지개 모양이 되는 건 어느 쪽일까요? 사탕으로 동그라미가 아닌 모양(사각형, 삼각형, 육각형)을 만들어 실험해 보는 것도 좋아요. 동그라미일 때와 결과물이 어떻게 달라질까요?

제4장 빛, 색, 소리 실험

91. 따뜻한 물감과 차가운 물감

다른 실험에서 배웠듯, 액체는 저마다 밀도가 달라요. 그렇다면 물은 어떨까요? 다 똑같은 물이라면, 밀도도 같을 것 같다고요? 이번 실험에서는 색소를 탄 물을 섞어서 뜨거운 물과 차가운 물의 밀도 차이를 확인해 볼 거예요.

준비물

- 투명한 유리잔 네 개
- 베이킹용 팬 등의 넓적한 쟁반
- 뜨거운 물과 차가운 물
- 얼음 두 조각
- 빨간색과 파란색 액상 식용 색소
- 인덱스 카드 두 장

이렇게 해 보세요!

1. 쟁반에 유리잔을 올려놓고, 그중 두 개에 차가운 물을 채워요. 그리고 얼음을 한 조각씩 넣어 물을 더욱 차갑게 만들어 주세요.
2. 남은 유리잔 두 개에는 뜨거운 물을 채워요(수도꼭지에서 나오는 뜨거운 물이면 충분해요.).
3. 뜨거운 물이 든 유리잔에는 빨간 색소를, 차가운 물이 든 유리잔에는 파란 색소를 넣어요. 자, 이렇게 뜨거운 물감과 차가운 물감이 완성됐어요.
4. 이제 인덱스 카드 한 장을 빨간(뜨거운) 유리잔 위에 올려요. 그리고 손바닥으로 인덱스 카드를 덮은 상태로 유리잔을 거꾸로 뒤집어 파란(차가운) 유리잔 바로 위에 올려놓아요.
5. 두 병을 분리하고 있는 인덱스 카드를 빼내 빨간 물감과 파란 물감이 섞이게 해보세요. 놀랍게도 빨간 물감은 위쪽에, 파란 물감은 아래쪽에 여전히 머무르며 서로 섞이지 않을 거예요.
6. 이제 남은 파란(차가운) 유리잔 위에 인덱스 카드를 올리고, 아까처럼 인덱스 카드를 손바닥으로 덮은 상태로 유리잔을 거꾸로 뒤집어 빨간(뜨거운) 유리잔 위에 올려놓아요.
7. 인덱스 카드를 빼내면 어떻게 될까요? 두 색이 곧바로 섞이면서 보라색 물감이 만들어질 거예요!
8. 마지막으로, 처음 실험했던 두 유리잔(빨간 유리잔이 위에, 파란 유리잔이 아래에 있는 세트)을 거꾸로 뒤집어 보세요. 분명 빨간색과 파란색으로 구분되어 있던 물감들이 곧바로 뒤섞이며 보라색으로 변할 거예요!

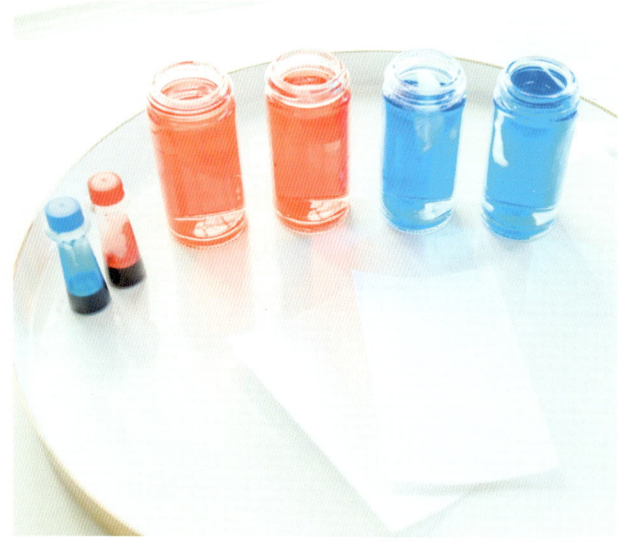

어떤 원리일까요?

뜨거운 물 분자는 차가운 물 분자보다 훨씬 빠르게 움직인답니다. 분자가 빠르게 움직이면 분자 간 거리가 멀어지기 때문에 차가운 물보다 밀도가 낮아지죠. 뜨거운 물이 든 유리잔을 위에 두었을 때 아래의 차가운 물과 섞이지 않는 것도 그 때문이에요. 뜨거운 물은 밀도가 낮기 때문에, 밀도가 높은 차가운 물 위에 떠 있는 거죠. 하지만 뜨거운 물이 아래, 차가운 물이 위에 있을 때는 두 물이 즉시 섞이는 모습이 나타나요. 이는 위에 있던 차가운 물이 밀도 때문에 바로 아래로 가라앉으며 아래에 있던 뜨거운 물과 섞이기 때문이지요.

응용 실험

빨간색과 노란색, 노란색과 파란색 등 다른 원색 조합으로 실험을 반복해 보세요.

92. 숟가락 거울

여러분을 실제보다 키가 커 보이게, 또는 작게 보이게, 심지어는 거꾸로 뒤집힌 것처럼 보이게 하는 신기한 거울을 본 적이 있을 거예요. 부엌에도 그런 거울이 있답니다. 바로 숟가락이에요.

준비물

- 크고 반짝반짝한 숟가락

이렇게 해 보세요!

1. 이번 실험에는 거울처럼 반짝반짝 빛나는 숟가락이 필요해요. 여러분의 모습을 잘 반사하는 숟가락이라면 어떤 것이든 괜찮지만, 숟가락이 크면 클수록 거울상도 커진다는 점을 참고하세요.
2. 준비가 됐다면 숟가락을 들어 푹 파인 부분을 들여다보세요. 여러분의 얼굴은 물론이고, 주위 배경까지 전부 뒤집힌 채로 반사될 거예요.
3. 이제 숟가락을 뒤집어 튀어나온 부분을 들여다보세요. 거울상이 원래 방향으로 되돌아왔죠?

어떤 원리일까요?

광선은 언제나 직선으로 움직여요. 일반적인 거울은 여러분의 상을 직선으로 돌려보내기 때문에, 거울에 비친 모습이 원래 모습과 똑같아 보여요. 하지만 숟가락 안쪽처럼 휘어진 거울은 반대의 거울상을 보여 주죠. 거울이 휘어진 부분에 광선이 반사되어, 거울상의 윗부분은 아랫부분으로, 아랫부분은 윗부분으로 뒤바뀌어 반사되기 때문이에요. 그래서 여러분의 눈에는 모든 게 뒤집어진 것처럼 보이는 거랍니다.

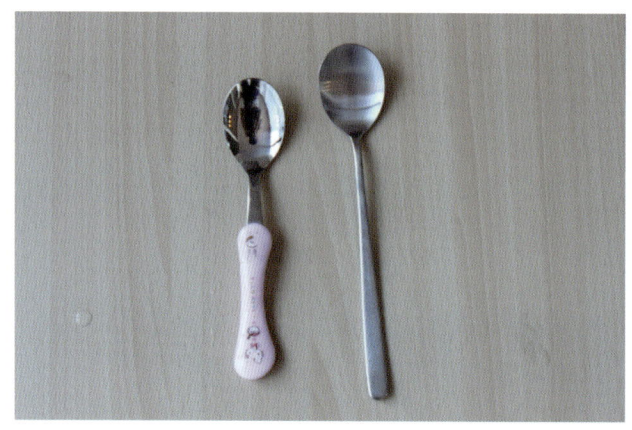

93. 사라지는 동전

이번 실험에서는 물잔을 이용해 동전을 감쪽같이 사라지게 만들어 볼 거예요.

준비물

- 동전 한 개
- 투명한 물잔
- 물

이렇게 해 보세요!

1. 동전을 식탁이나 부엌 조리대에 올려놓아요.
2. 빈 물잔을 동전 위에 올려놓아요. 물잔 바닥을 통해 동전이 고스란히 보일 거예요.
3. 물잔에 물을 붓고, 물잔 옆쪽에서 동전을 들여다보세요. 어라? 동전이 감쪽같이 사라졌어요!
4. 그러면 아까처럼 물잔 위에서 바닥을 내려다보듯 하면 어떨까요? 동전이 다시 나타났어요!

어떤 원리일까요?

주변의 사물을 본다는 것은, 우리 눈에 빛줄기, 즉 광선이 닿았다는 뜻이에요. 광선이 공기를 통과할 때는 굴절이 거의 생기지 않아요. 그래서 공기 중에 있는 동전은 쉽게 눈에 띄죠. 하지만 광선이 물을 통과할 때는 어떨까요? 물 분자는 공기 속 분자보다 아주 가까이 모여 있기 때문에 광선을 훨씬 더 많이 굴절해요. 물속에서 굴절한 광선 대부분이 우리 눈에 도달하지 못하기 때문에, 여러분에게는 마치 동전이 사라진 것처럼 보이는 거랍니다.

응용 실험

동전이 아닌 물건으로 실험을 반복해 보세요. 물잔을 반만 채우면 어떻게 될까요? 물잔 아래에 둔 물체가 사라질까요?

제4장 빛, 색, 소리 실험

94. 뒤집히는 화살표

물잔을 앞에 두는 것만으로도 마치 마법처럼 화살표의 방향을 뒤집을 수 있답니다. 이번 실험을 통해 그 원리를 배워 봐요.

준비물

- 투명한 물잔
- 물
- 사인펜
- 종이나 인덱스 카드

이렇게 해 보세요!

1. 준비한 물잔에 물을 채우고, 종이에 화살표를 그려요.
2. 물잔 뒤쪽에 종이를 가져다 댄 뒤, 물 너머로 화살표를 관찰해 보세요. 물잔과 종이 사이의 거리를 조절하다 보면, 화살표가 실제와 반대쪽 방향을 가리키게 되는 각도를 찾을 수 있어요.
3. 이제 종이를 수면 위로 들어 올리면 어떻게 될까요? 화살표 방향이 원래대로 돌아올 거예요!

어떤 원리일까요?

화살표 착시 현상은 '굴절', 즉 빛이 꺾이는 현상 때문에 발생한답니다. 이번 실험에서 물잔은 일종의 돋보기 역할을 해요. 물잔의 휘어진 부분이 화살표의 상을 살짝 확대하거든요. 하지만 화살표가 초점(광선이 한데 모이는 부분) 너머에 놓이면, 꺾인 빛이 서로 교차하면서 화살표를 뒤집힌 모양으로 보이게 만들죠. 그래서 화살표를 물잔 가까이에 둘 때는 원래 방향대로 보이지만, 물잔에서 멀리하다 보면 어느 순간 갑자기 방향이 뒤집히는 거랍니다.

응용 실험

다양한 크기의 물잔으로 같은 실험을 반복해 보세요. 물잔 크기에 따라 화살표가 뒤집히는 각도가 달라질까요? 화살표를 뒤집으려면 종이를 물잔 더 가까이 둬야 할까요, 아니면 더 멀리 둬야 할까요?

95. 물로 만드는 무지개

하늘을 아름답게 수놓는 무지개는 자연적으로 발생하는 현상이에요. 하지만 햇빛이 잘 드는 창문과 물만 있으면 집에서도 진짜 무지개를 만들 수 있답니다.

준비물

- 투명한 물잔
- 물
- 하얀 종이

이렇게 해 보세요!

1. 이 실험은 해가 쨍쨍한 날에만 할 수 있는 실험이에요.
2. 먼저 물잔의 $\frac{3}{4}$을 물로 채우고, 집에서 햇빛이 가장 잘 드는 창문을 찾아보세요.
3. 적당한 창문을 찾았다면, 그 앞에서 물잔을 들어올려 햇빛이 물을 통과하도록 해요.
4. 이제 물잔의 바닥을 살펴보세요. 무지개가 보이나요? 그 지점에 하얀 종이를 놓아두면, 무지개의 색깔까지 자세히 관찰할 수 있어요!

어떤 원리일까요?

백색광, 즉 태양광은 사실 다양한 색으로 이루어져 있어요. 백색광이 물을 통과하는 경우, 이 사실이 분명히 드러나죠. 백색광을 이루는 여러 광선들은 물속에서 제각기 다른 방향으로 휘어요. 이때 광선들이 서로 분리되며 우리 눈에는 무지개색으로 보이게 되죠. 빨간색은 파장이 가장 길기 때문에 무지개가 그리는 둥근 호의 가장 위쪽에서 찾아볼 수 있어요. 반대로 파장이 가장 짧은 보라색은 무지개의 가장 아래층에서 볼 수 있고요.

응용 실험

적당한 장소에 물잔을 내려놓고, 여러분의 눈에 보이는 무지개를 하얀 종이 위에 똑같이 색칠해 그려 보세요. 여러분의 눈에는 무지개의 색이 몇 가지로 보이나요?

96. 완벽한 동그라미

종이에 찌그러진 부분이 하나도 없는 완벽한 동그라미를 그려 보세요. 몇 번을 해봐도 잘 안 된다고요? 오늘은 별다른 도구 없이 완벽한 동그라미를 그리는 방법을 알려 줄게요.

준비물

- 종이
- 연필

이렇게 해 보세요!

1. 완벽한 동그라미를 그리려면, 먼저 손 아래쪽에 있는 작은 뼈를 찾아야 해요. 왼손이든 오른손이든, 여러분이 평소 글을 쓸 때 쓰는 손을 손바닥이 위를 향하게 들어 보세요. 그리고 새끼손가락에서 손바닥 가장자리를 타고 손목 쪽으로 내려오면서 뼈를 찾다 보면, 손바닥과 손목 경계에 있는 작은 뼈가 느껴질 거예요.
2. 뼈를 찾았다면 종이 중앙에 방금 찾은 뼈를 내려놓듯 가져다 대고, 연필을 쥐어 연필심의 끝이 종이에 닿게 해요.
3. 이제 이 손을 움직이지 않는 상태로, 나머지 한 손으로 종이를 한 바퀴 돌려 주세요(다른 사람이 종이를 대신 한 바퀴 돌려주는 것도 좋아요.). 식탁이나 책상에 공간이 충분히 있어야 종이를 회전시킬 때 거치적거리지 않겠죠?
4. 종이를 한 바퀴 돌렸으면 이제 쥐고 있던 연필을 내려놓고 막 그린 동그라미를 확인해 보세요. 완벽한 동그라미가 그려졌죠?

어떤 원리일까요?

이번 실험에서 여러분 손 아래쪽에 있는 작은 뼈는 종이를 한 바퀴 회전시킬 때 손을 고정시키는 중심점 역할을 해요. 손은 움직이지 않고 종이만 움직이기 때문에 완벽한 동그라미를 그릴 수 있는 거죠. 여러분의 손이 제도용 컴퍼스 역할을 하는 거예요.

응용 실험

종이에 가져다 댄 손의 각도를 조절해 다양한 크기의 동그라미를 그려 보세요. 평소에 글을 쓰지 않는 손으로 실험을 반복해 보는 것도 좋아요. 글을 쓰는 손으로 할 때보다 동그라미를 그리는 게 어려울까요?

제4장 빛, 색, 소리 실험

97. 숟가락 종소리

이번 실험에서는 음파를 이용해 숟가락에서 종이 울리는 소리가 나게 해볼 거예요.

준비물

- 약 60cm 길이로 자른 실
- 작은 숟가락

이렇게 해 보세요!

1. 실 중간에 고리를 만든 뒤, 고리 속에 숟가락 손잡이를 집어넣고 실을 조여 주세요. 충분히 꽉 조이면 손잡이가 실에 대롱대롱 매달린 채로 고정될 거예요.
2. 실 끄트머리를 각각 귀에 가져간 뒤, 손가락으로 귀를 막아 주세요. 실 양쪽 끄트머리가 손가락과 귀 사이에 낀 상태여야 해요.
3. 이제 매달린 숟가락을 조리대, 식탁, 다른 숟가락 등에 가볍게 부딪치게 해보세요. 어떤 소리가 나나요? 숟가락치고는 무척 영롱하죠? 마치 종소리처럼요!

어떤 원리일까요?

숟가락이 식탁이나 조리대 등에 부딪히면, 숟가락과 맞닿은 실은 숟가락의 진동을 전달해요. 이 진동이 바로 '음파'이고, 실을 통해 여러분의 귀로 전달된답니다.

응용 실험

다양한 크기의 숟가락이나 포크를 사용해 실험을 반복해 보세요. 결과가 어떻게 달라질까요? 큰 숟가락을 사용하면 소리가 더 높아질까요, 아니면 낮아질까요?

98. 태양 프린트

태양이 자외선을 내뿜는다는 사실은 다들 잘 알고 있을 거예요. 그런데 자외선은 대체 얼마나 강력한 걸까요? 이번 실험에서는 햇빛이 종이의 색을 바래게 하는 현상을 통해 자외선의 위력을 알아보고, 멋진 예술 작품도 만들어 볼게요!

준비물

- 진한 색의 색지(검은색, 보라색, 파란색, 녹색, 빨간색이 특히 좋아요.)
- 베이킹용 팬 등 넓적한 쟁반
- 다양한 형태의 물건(나뭇잎, 나뭇가지, 꽃 등)
- 조약돌(선택사항)

이렇게 해 보세요!

1. 이 실험은 바람이 많이 불지 않고 햇볕이 쨍쨍한 날에 하기 좋은 실험이에요(바람이 많이 부는 날에 실험해야 한다면 실내에서도 할 수 있어요. 햇빛이 내리쬐는 창문을 찾아보세요.).
2. 색지를 쟁반에 내려놓고, 그 위로 준비한 물건을 올려놓아요.
3. 쟁반에 직사광선이 닿도록 놓아두세요. 실외에서 실험을 한다면, 색지가 바람에 날려가지 않게 모서리에 조약돌을 올려서 고정하는 게 좋아요.
4. 이제 두세 시간 정도 색지를 햇볕에 방치한 뒤 색지 위에 놓인 물건을 치워 보세요. 물건이 가리고 있던 부분은 원래 선명한 색 그대로지만, 햇볕에 노출된 부분은 색이 바랬을 거예요.

어떤 원리일까요?

태양은 지구를 향해 '자외선'을 뿜어내요. 자외선은 일부 화학 물질의 결합을 깨트릴 수 있을 정도의 에너지를 가지고 있어요. 이번 실험에서 사용한 색지의 색소 역시 자외선으로 인해 화학 결합이 깨졌죠. 그래서 자외선의 영향을 받은 부분은 빛이 바랬지만, 물체에 가려져 자외선에 노출되지 않았던 부분은 원래 색깔을 유지할 수 있었던 거예요. 이것이 햇볕이 쨍쨍한 날에 실외로 나가기 전에 꼭 자외선 차단제를 발라야 하는 이유이기도 해요.

응용 실험

글자나 숫자 모양의 냉장고 자석이 있다면, 태양 프린트를 이용해 특별한 메시지 카드를 만들어 보세요.

제4장 빛, 색, 소리 실험

99. 햇빛 풍선 폭발

햇빛이 얼마나 강력하냐고요? 풍선을 터뜨릴 수 있을 만큼 강력하답니다! 이번 실험을 통해 이를 확인해 봐요.

어른의 도움이 필요해요

준비물

- 선글라스
- 풍선
- 돋보기

이렇게 해 보세요!

1. 이 실험은 해가 쨍쨍한 날에 실외에서 할 수 있는 실험이에요. 실험을 하는 동안 쓸 선글라스와 실험을 옆에서 지켜볼 어른이 필요해요. 태양 광선이 워낙 강력하기 때문에 굉장히 뜨거울 수 있거든요.
2. 먼저 풍선이 빵빵해질 때까지 공기를 불어넣고 매듭을 잘 묶어 주세요. 한 손에는 풍선 매듭을, 다른 한 손에는 돋보기를 쥔 채로 태양을 등져요.
3. 이제 태양 광선이 돋보기를 통해 풍선에 닿을 수 있도록 해보세요. 풍선 표면에 밝은 빛이 모이는 점이 생기는 게 보일 거예요(선글라스를 끼고 실험하는 걸 잊지 마세요.).
4. 이 점이 다른 데로 옮겨가지 않도록 주의하며 기다리세요. 머지않아 풍선이 "펑!" 터질 거예요.

어떤 원리일까요?

돋보기를 통과한 태양 광선은 돋보기 유리의 휜 부분 때문에 한 점으로 모이게 돼요. 풍선의 고무가 열을 받아 약해지다가 끝내 터지는 것은 바로 이 때문이에요.

응용 실험

이번 실험에서 한 것처럼 태양 광선을 한 점에 집중시키면 마시멜로를 굽거나, 치즈를 녹이거나, 과자를 바삭하게 구울 수도 있답니다.

100. 눈으로 보는 소리

소리는 공기를 통해 마치 물결처럼 움직인다는 사실, 알고 있나요? 이 소리의 물결은 비록 우리 눈에 보이지는 않지만, 분명 존재한답니다. 이번 실험에서는 소리의 움직임을 눈으로 관찰할 수 있게 해 주는 장치를 만들어 볼 거예요.

준비물

- 주방용 랩(비닐랩)
- 플라스틱 컵 한 개
- 고무줄 한 개
- 검은 후추 알갱이
- 금속 냄비
- 나무 주걱이나 숟가락

이렇게 해 보세요!

① 플라스틱 컵 주둥이 위로 비닐랩을 씌우고, 고무줄로 단단히 고정해요. 비닐랩이 팽팽하게 펼쳐진 상태여야 해요.
② 비닐랩 위에 후추 알갱이를 몇 알 뿌려요.
③ 플라스틱 컵 위로 냄비를 거꾸로 들어, 컵 주둥이와 냄비 주둥이가 서로 마주보도록 해요.
④ 냄비 바닥을 나무 주걱이나 숟가락으로 때리면 어떻게 될까요? 때릴 때마다 후추 알갱이가 이리저리 움직이죠?

어떤 원리일까요?

냄비를 두드리면 소리의 파동, 즉 '음파'가 발생해요. 음파가 비닐랩에 닿으면 비닐랩이 진동하고, 이에 비닐랩 위의 후추 알갱이가 이리저리 튀어오르며 움직이죠. 여러분의 고막도 비슷한 방식으로 작동해요. 음파가 닿으면 고막이 진동하고, 그 덕분에 여러분이 소리를 들을 수 있는 거예요.

응용 실험

후추 알갱이를 올린 컵을 스피커나 스마트폰 위에 올려둔 뒤, 큰 소리로 음악을 재생해 보세요. 후추 알갱이는 어떻게 될까요?

제4장 빛, 색, 소리 실험

SUPER SIMPLE SCIENCE EXPERIMENTS FOR CURIOUS KIDS: 100 Awesome Activities Using Supplies You Already Own

Text Copyright ©2022 by Andrea Scalzo Yi

Published by arrangement with Page Street Publishing Co. All rights reserved.

Korean Translation Copyright ⓒ2024 by Solbitkil

Korean edition is published by arrangement with St. Martin's Publishing Group through Imprima Korea Agency

이 책의 한국어판 저작권은 Imprima Korea Agency를 통해 St. Martin's Publishing Group와의 독점계약으로 솔빛길 출판사에 있습니다.

저작권법에 의해 한국 내에서 보호를 받는 저작물이므로 무단전재와 무단복제를 금합니다.

엄청 간단한 과학 실험 100 - 호기심 많은 아이를 위한

1판 1쇄 발행 2024년 10월 14일
지은이 앤드리아 스칼조 이
옮긴이 이하영
발행인 도영
디자인 손은실
원서 표지 및 내지 design by Meg Baskis for Page Street Publishing Co.
편집 및 교정 교열 김수진
발행처 솔빛길 등록 2012-000052
주소 서울시 마포구 동교로 142, 5층(서교동)
전화 02) 909-5517 | **팩스** 02) 6013-9348, 0505) 300-9348
이메일 anemone70@hanmail.net

copyright ⓒ Andrea Scalzo Yi
Photography by Lucy Baber
ISBN 978-89-98120-99-3

* 책값은 뒤표지에 있습니다.